国家星火计划培训丛书

次生代谢在生态农业中的应用

科学技术部农村科技司　组编
刘立新　梁鸣早　主编

中国农业大学出版社
· 北京 ·

内 容 提 要

本书从植物生理学的角度讨论农业生产，主要介绍植物的次生代谢的理论和研究进展，并将其应用在生态农业上。

本书可作为农业专业户和普通农民的田间操作指导手册和科学普及书籍。

图书在版编目(CIP)数据

次生代谢在生态农业中的应用/刘立新，梁鸣早主编. —北京：中国农业大学出版社，2018.3(2023.2 重印)

ISBN 978-7-5655-1991-8

Ⅰ.①次… Ⅱ.①刘… ②梁… Ⅲ.①次生物质-代谢-应用-生态农业-研究 Ⅳ.①S-0

中国版本图书馆 CIP 数据核字(2018)第 028346 号

书　　名　次生代谢在生态农业中的应用

作　　者　刘立新　梁鸣早　主编

策划编辑　张　蕊　张　玉　　**责任编辑**　张　玉

封面设计　郑　川

出版发行　中国农业大学出版社

社　　址　北京市海淀区圆明园西路 2 号　　**邮政编码**　100193

电　　话　发行部 010-62818525，8625　　读者服务部 010-62732336

编辑部 010-62732617，2618　　出　版　部 010-62733440

网　　址　http://www.cau.edu.cn/caup　　**E-mail** cbsszs @ cau.edu.cn

经　　销　新华书店

印　　刷　涿州市星河印刷有限公司

版　　次　2018 年 3 月第 1 版　　2023 年 2 月第 2 次印刷

规　　格　880×1 230　　32 开本　　6.375 印张　　160 千字

定　　价　38.00 元

编写人员

主　　编：刘立新　梁鸣早

副 主 编：张淑香　仝雅娜　路　森

编写人员：（按照姓氏笔画排序）

王天喜　石庆煜　仝雅娜　邢中元

朱书生　光立虎　刘立新　孙建光

李　响　邵友远　吴代彦　张淑香

曹　恭　梁鸣早　韩成龙　路　森

序　言

PREFACE

德国科学家科塞尔(H. Kossel)早在1891年就将植物的代谢活动分为初生代谢(primary metabolism)和次生代谢(secondary metabolism)。经过100多年的不断探索,现代植物生理学对植物的次生代谢已有较全面的认识和理解。植物体中的糖类、脂类、核酸和蛋白质等生命过程所必需的物质称为初生代谢物(primary metabolites)。植物体中也会产生许多对生命过程非必需的物质,称为次生代谢物(secondary metabolites),如萜类、酚类和生物碱等。次生代谢物的代谢过程称为植物的次生代谢。除了在化学结构以及合成途径上区别植物次生代谢物和初生代谢物之外,二者之间最大的差异是功能上的差异。次生代谢物一般不直接参与如光合作用、呼吸作用以及营养同化等植物生长发育必需的生理过程,它们主要参与植物与环境之间的相互作用。植物在遭受病害、虫害以及各种非生物逆境胁迫(干旱、盐碱、高/低温等)时,体内经次生代谢过程产生和积累一些相应的次生代谢物质,这些次生代谢物具有帮助植物抵御逆境胁迫的功能和作用。

事实上人类自古代开始就根据实践经验陆续将植物次生代谢应用于农业生产实践了。我国的先民们在几千年的农耕劳作中一直在不断践行着顺天时、借地力、精细化和生态化的农作方式,公元6世纪北魏贾思勰所撰《齐民要术》中描述的许多农耕技艺都体现了植物次生代谢在农作物生产上的应用,值得我们在推进现代生态农业的实践中借鉴。

根据现代植物生理学的理论，有可能通过调控水分、矿质营养、土壤有益微生物种群及其他作物生长环境因子而实现对植物次生代谢的调节，以达到少施化肥和农药（甚至不用化学农药）、减少环境污染、生产出优质安全农产品的目标。

本书通过将植物次生代谢的科学理论与现代生态农业中农作物优质高效栽培管理的实践相结合，以期解决目前农作物生产中与“面源污染”和农产品“品质与安全”相关的一些问题，不失为非常有益的探索。希望本书在践行生态农业、推动农业绿色发展的工作中发挥积极影响和作用。

武维华

中国农业大学教授，中国科学院院士，中国植物学会理事长

2017 年 11 月 10 日

前　言

PREFACE

生态农业按照生态学和经济学原理，运用现代科学和管理手段，并与传统农业相结合，是生态效益和社会效益并举的现代化高效农业。本书介绍次生代谢研究及其在生态农业中的应用。

第一章介绍近年来植物次生代谢的研究。

第二章介绍植物次生代谢产物分类、功能及途径。次生代谢产物可分别被称为化感物质、内源激素、免疫物质、品质物质和风味物质，这些重要的次生代谢产物正是农业生产所追求的目标。

第三章介绍次生代谢的抗逆机制。在生产中充分利用植物次生代谢产物中的化感物质和内源激素可以抑制病、虫、草害和抵抗逆境(干旱、低温、高温、盐碱和灾害性天气)，这是栽培过程中不用农药的理论依据。

第四章介绍次生代谢产物中的品质影响，主要涉及农产品的营养物质与风味、色泽、抗逆性、耐贮性等。优质农产品内含人类必需的营养物质。

第五章介绍次生代谢在生态农业上的应用。生态农业高产优质栽培技术体系是考虑为作物的次生代谢运转提供充足的物质基础，用人类可参与的胁迫来诱导作物打开次生代谢、产生系统性抗逆，从而提高植物的抗性和农产品的质量。本章阐述了高产优质栽培的四位一体技术体系和成功案例，为人类生产出更有营养价值的农产品。

第六章扩展阅读部分介绍了近年来在细胞生理学领域关于膜系统的研究，这些知识与我们的生态农业关系密切。在这部分还介绍了我国农田病虫草害的问题综述。

目 录

CONTENTS

第一章　植物次生代谢概述

第一节　植物初生代谢和次生代谢

一、初生代谢与次生代谢的定义

1891 年德国科学家科塞尔(H. Kossel)明确地将植物的生命活动的代谢分为:维持生命的初生代谢和适应环境的次生代谢。这一概念引起科学家的广泛关注,近几十年来不同领域的科学家对次生代谢研究有了重大进展。

植物的代谢包含初生代谢和次生代谢。

1. 初生代谢

植物初生代谢(primary metabolism),是参与植物体内合成生命活动必需物质的代谢过程,其产物主要包括蛋白质、脂肪、糖类及核酸等有机物质。初生代谢的产物也就是我们能看到(根、茎、叶、花、果实、种子)的植物形态建成物质。

2. 次生代谢

植物次生代谢(secondary metabolism),是植物和环境相互作用影响的代谢过程,其产物是由初生代谢产物进一步反应而生成的物质。次生代谢的产物(也被称为天然产物)如某些碱基是核酸

（遗传物质 RNA 和 DNA 的总称）的重要成分，生长素（吲哚乙酸）与赤霉素等植物内源激素参与生命活动的调节，类胡萝卜素等萜类作为光合色素参与光合作用过程，生物碱、酚类衍生物、类黄酮类化合物、有机酸、类萜和甾类等化感物质在参与防御过程的同时，也形成了果实的品质和风味。植物体内积累的次生代谢物质，是植物长期与各种逆境抗争的产物。

二、次生代谢发现历史

植物的次生代谢概念是在一百多年前形成的，而人类在农业生产中悟到植物次生代谢过程及其产物的好处并将其应用于生产，这一事实却可以追溯到几千年以前。

距今约 2500 年的《黄帝内经》提出的“不治已病治未病”和老子《道德经》提出的“天人合一”“道法自然”的思想，对我国农业产生了深远影响。我们的先人们在农业实践中悟到的顺天时、借地力、精细化和生态化的耕作方式。成为我国农耕文化的源泉。

北魏官员贾思勰编著的《齐民要术》一书距今约 1500 年，书中对耕作技艺的描述堪称经典：田间耕作需进行春耕、夏耕、秋耕、冬耕、深耕、浅耕、初耕、转耕、纵耕、横耕、顺耕、逆耕等；对于农作物要多锄、深锄、锄小、锄早，并注意调整中耕深度。可见我国的智者早在 1500 年前就制定出有效的农业生产规范。书中还涉及：“慎勿于大豆地中杂种麻子，扇地两损，而收并薄”的描述，在今天看来是先民们对植物间次生代谢产物的化感作用的理解。在古代史上，中国对世界最大的贡献就是农耕文化。1855 年达尔文在研究进化论撰写《物种起源》时参考了此书。

明代李时珍编著的《本草纲目》距今约 500 年，全书约 190 万字，涉及 1095 种中草药功效和炮制方法的描述，是对 16 世纪以前中医药学的系统总结。《本草纲目》中所涉及的珍贵草药都是大自然的天然植物。它们在长期进化过程中与各种逆境抗争，体内积累的物质对植物和人类都有益处。这一发现体现了人类的智慧，也是人类利用植物次生代谢产物的最有力证据。

三、次生代谢近现代的研究与进展

1. 近百年来对次生代谢的研究成果

1909 年美国农业部土壤局局长、威斯康星大学富兰克林·H. 金 (Franklin H. Kim)教授，考察中国、日本和朝鲜三个古老农业国家，赞誉东方农民是勤劳智慧的生物学家。1911 年他所著的《四千年的农夫》的问世，标志着西方有机农业的开始，从此每年在堪萨斯城召开一次生态农业会议，至今该机构出版的生态杂志已有数十种。可以说，在一百多年前西方的农业就开始了对植物次生代谢产物的化感作用的应用与研究。

到目前为止，人类对植物次生代谢的研究和探索已历时一百多年，很多科学家做出有影响的研究。研究表明，作物在受到任何一种胁迫的较短时间内，其机体细胞会从初生代谢转成多种次生代谢，从而激活或形成新的防御物质、化感物质、内源激素、渗透物质、品质物质、风味物质和人类必需营养素。次生代谢的研究涉及多学科领域。

在次生代谢(天然产物)研究领域有众多学者获得诺贝尔奖。近年来国际上对于次生代谢的研究异常活跃，统计在获得诺贝尔化学奖和生理学或医学奖中，有近 1/3 属于研究次生代谢的，可见全世界科学家对此领域研究的重视。

在次生代谢研究中一个重要的代谢途径，即异戊二烯焦磷酸酯代谢途径引起科学家的关注，因为这个途径产生的萜类物质是植物进化到较高层次的表现。此领域已有四批科学家获得诺贝尔奖：

①1910 年德国化学家奥托·沃勒氏(Otto Wallach)获得诺贝尔化学奖,是缘于异戊二烯化合物结构的发现。

②1939 年瑞士籍南斯拉夫人利奥波德·鲁齐卡(Leopold Ruzicka)获得诺贝尔化学奖,是缘于异戊二烯生物发生规则的发现。

③1985 年美国得克萨斯大学布朗(Michael S. Brown)和戈尔茨坦(Joseph L. Goldstein)获诺贝尔生理学或医学奖,是因为探明了甲羟戊酸到异戊二烯焦磷酸脂的代谢途径。

④2015 年中国医学科学家屠呦呦获诺贝尔生理学或医学奖,是缘于她从我国自然界中随处可见的黄花蒿里,成功提取萜类化合物单环倍半萜的青蒿素,以治疗疟疾。

世界卫生组织(WHO)统计,2000 年非洲撒哈拉以南约 2.4 亿感染疟疾的人口受益于青蒿素联合疗法。青蒿素就是源自异戊二烯焦磷酸脂代谢途径的单环倍半萜,青蒿素的原材料来自我国广泛生长的黄花蒿(图 1-1)。

这标志着,人类利用次生代谢解决农业生产问题和医药问题的时代已经开始了。

青蒿素的化学结构—单环倍半萜

图 1-1 青蒿素来自我国广泛生长的黄花蒿

(图片来自网络)

2. 次生代谢在不同领域的应用研究

①在农药植保领域。在制药行业是利用提纯化感物质以制造生物农药。在植保界是利用化感物质诱导抗逆剂防控病虫草害。

②在农作制度领域。种植行业比较侧重于研究化感作用对环境的影响。在世界范畴,此领域的研究和应用发展速度很快。根据作物之间的相生相克关系安排农业生产的轮间混套作,这研究已经成为国际热点领域。全球每2～3年召开一次有关植物化感作用研究的国际学术会议。自1985年起美国化学会(American Chemical Society)根据化感研究进展及时出版权威的系列丛书。植物化感作用也正在形成独立的科学体系。美国农业部(USDA)2000年估计,化感作用新技术应用,已经给美国农业带来相当于总产值的2%(折合20亿美元)的效益。

③在遗传育种领域。用转基因技术选育抗逆境抗病品种,以抗病虫、耐除草剂、抗逆转基因作物为主,提高作物抵抗生物胁迫或非生物胁迫的能力;转基因转向以品质改良为主的方向上,提高作物的维生素、赖氨酸、油酸等营养成分含量,剔除过敏原及植酸、胰蛋白酶抑制因子、硫葡萄糖苷等抗营养因子,从而提高转基因食品的营养。目前我国已经批准国外进口的转基因作物45项,其中有30项(包括大豆、玉米、棉花、甜菜作物)是耐除草剂的作物品种,客观鼓励了更多除草剂(草甘膦)的使用,草甘膦已被证明对人类健康有害。草甘膦作用原理是阻止植物合成芳香族氨基酸(包括苯丙氨酸、酪氨酸和色氨酸),植物因缺乏这些氨基酸而不能进一步合成所需要的蛋白质,因此而死亡。美国麻省高级研究人员跟踪研究,发现人类使用草甘膦影响了食物链,导致新生儿出现生理缺陷。若草甘膦不能得到很好的控制,科学家们预言,到2025年美国新生儿将会有50%得自闭症。世界卫生组织在全世界权威的医学杂志《柳叶刀·肿瘤学卷》公布:草甘膦是2A类

致癌物。

④在植物生理生化领域。植物生理学界利用次生代谢调动植物的免疫功能，安全的人造胁迫是人类可参与的诱导抗逆，提前开启并促进植物的次生代谢过程，可使作物在病虫草害和灾害性天气到来之前产生抗性物质，最终产出品质好和风味足的农产品。中国农业科学院刘立新研究员（1965 年毕业于北京大学植物生理系），他从植物生理的视角来研究中国传统农业，2008 年撰写《科学施肥新思维与实践》一书指出：我们的祖先传给我们很多宝贵的农田管理经验，即对作物的中耕、除草、移栽、插秧等农事活动，对果树的剪枝、断根、拉扭、环割和蔬菜的打杈、采摘、多次收获等。这些带有伤害性的农艺措施在今天看来，就是使农作物在栽培环境和成长过程中多次受到胁迫。胁迫使作物体内产生抗逆性，从而提高作物抗病虫草害和抗击灾害性天气的能力，最终产生出产量高、品质好、风味独特的农产品。次生代谢在植物生理和栽培上的应用，会给生产者和消费者带来全新的体验，种田会变得简单有效，农产品会变得越来越有营养，更加美味。

关于中草药的研究，2007 年黄璐琦等人在中国中药杂志发表文章《环境胁迫下次生代谢产物的积累及道地药材的形成》，文中提到次生代谢产物通常是中草药的主要药效成分。逆境效应是地道药材形成的真正原因。在胁迫环境下次生代谢产物才能积累，地道药材才能形成。

第二节 植物次生代谢现象的启示

“一棵榆树的故事”发生在 20 世纪 50 年代美国的一个农场。农场主为了方便拴牛，在庄园的一棵榆树上箍了一个铁圈。随着榆树的长大，铁圈慢慢嵌进了树身，榆树的表皮留下一道深深的伤痕。有一年，当地发生了一种奇怪的植物真菌疫病，方圆几十公里的榆树全部死亡，唯独那棵箍了铁圈的榆树存活下来。

为什么这棵榆树能幸存呢？科学家对此产生了兴趣，研究发现，正是给它带来伤痕的铁圈救了它，使这棵榆树有了不同寻常的免疫力。

这个真实的故事告诉我们，在大自然中有很多类似事件，当某一植物生命体自小受到胁迫，而这种胁迫会随着它长大而加剧，也就有了伴随它成长的胁迫因素。这种胁迫因素促使它产生抗性物质，这类抗性物质就可以对抗来自不同时间和不同空间的种种逆境。从学者的视角看，抗性物质就是植物的次生代谢产物。

一、名特优农产品的跟踪研究

学者跟踪 20 年得出结论，20 世纪 70～90 年代，中国农业科学院李纯忠研究员对我国“名特优农产品的土壤适宜”问题跟踪研究发现：“凡是出了名的农产品（含历史上曾被命名为贡品的产品），其品质优良者均生长在土壤、气候特殊的环境中”。

跟踪观察这些名优产品的生长环境后发现，它们有的生长在很多石砾的恶劣土壤环境、有的水分供应困难、有的生长环境中养分难以获得，比如生长在岩石缝隙中的名贵茶树大红袍和岩茶等，这种茶叶富含植物的次生代谢物质茶多酚。还有生长在盐碱土壤上的乐陵金丝小枣，人们对它的管理方式也很特别，需要对枣树进行环割、刀砍、斧劈，乐陵金丝小枣含有丰富的次生代谢物质维生素 C 和类黄酮类化合物（图 1-2、图 1-3）。还有的生长在极寒地区，比如海拔 3 000 米以上的高寒缺氧地带，那里的雪域红景天、冬虫夏草的药性极好，这些药材富含次生代谢物质维生素 A、维生素 D、维生素 E 和超氧化物歧化酶（SOD）。

图 1-2　武夷山的大红袍(富含茶多酚)

图 1-3　乐陵金丝小枣(富含维生素 C)

二、优质农产品生产的三要素

刘立新研究员沿着这一思路继续探索,发现这些名特优农产品有共同点,生长在胁迫环境下,虽然产量低,但品质优风味独特。那么,为什么在正常气候和肥沃的土壤上,很少能生产出营养丰富的名特优农产品呢?

怎样才能在良好的土壤中生产出优质农产品呢?怎样让农作物具有防控病虫草害的能力呢?他总结出生产的三要素。

①作物需要环境胁迫或人造胁迫的条件;

②需要有好的基因控制(品种);

③营养元素平衡供应,按照作物所需营养元素强度均衡供应。

生产优质农产品的三要素就是:用好的品种;用人造胁迫开启植物的次生代谢,这一胁迫要素对形成农产品的好品质是至关重要的一步;同时追加营养使次生代谢充分运转,这三要素缺一不可。这是因为遗传性状好的农作物品种,都有对各种逆境的应激力,在逆境中很容易打开植物的次生代谢途径。植物次生代谢需要钙、镁、硫和微量元素参与。如果此时这些元素不足,作物的次生代谢就无法正常运转,植物自身免疫能力无法提高。

第三节　植物次生代谢开启与运转

一、植物对逆境的应激反应就是开启次生代谢

地球上生物的进化过程都经过了多种逆境的洗礼,植物应对逆境的最好办法是开启次生代谢,逆境是开启次生代谢的必要条件。

1. 逆境是植物开启次生代谢的必要条件

①环境胁迫逆境。植物在自然环境中,会遇到各种胁迫因素。胁迫因素又分为物理因素、化学因素和生物因素。物理因素——干旱、水涝、热害、冻害、辐射、雷电、风害。化学因素——营养缺乏或过剩、毒素、重金属、酸化、盐碱、农药、空气悬浮物。生物因素——物种之间的竞争、抑制和病虫草害(图 1-4)。

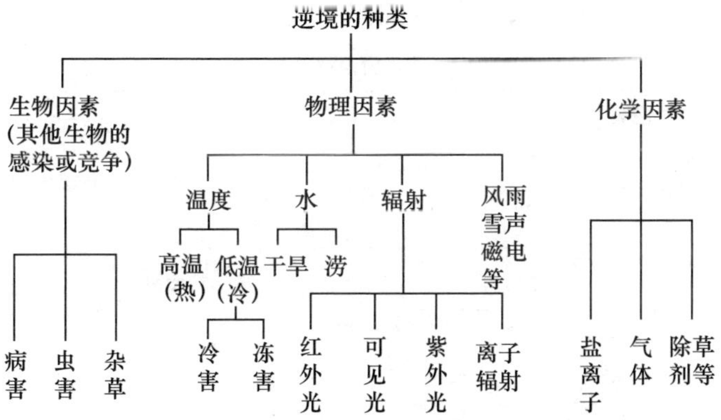

图 1-4　植物在环境中遇到的各种逆境

②人造胁迫逆境。在生态农业中，人造胁迫就是在栽培中给作物制造的一种胁迫环境。人们通过对作物采取人为的略带伤害的操作，比如进行断根、打叶、耘锄、中耕、环割、刀砍、斧劈、火烧，也和环境胁迫一样，同样可以开启作物的次生代谢。

③逆境的不同强度使植物受到不同的伤害。植物在逆境中所受到的伤害分为两种，一种是直接伤害，另一种是间接伤害。直接伤害即在短时间内对植物细胞膜造成损伤，植物还来不及发生代谢上的改变，如高温烫伤、冰冻等，对植物来说是直接伤害。间接伤害是指长时间作用在植物体上比较缓和的伤害，往往给了植物做出各种反应的时机，对植物来说是间接伤害。

④逆境可造成植物细胞的水分胁迫。植物无论遇到环境胁迫还是人造胁迫，都会诱发植物细胞的水分胁迫（图 1-5），这个可以用多因一效的原理来解释。

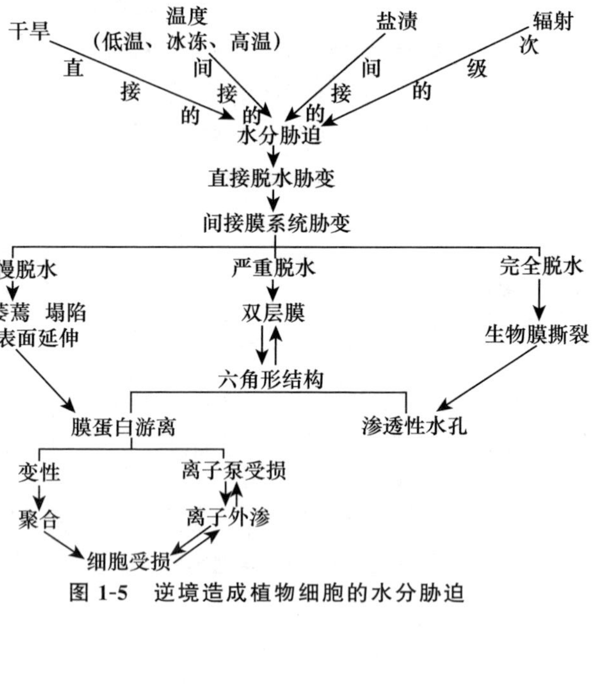

图 1-5 逆境造成植物细胞的水分胁迫

植物细胞膜在胁变中出现三种变化:最严重的是完全脱水,引发细胞膜撕裂,出现细胞的渗透性水孔,此过程不可逆。轻微一点的是细胞严重脱水,其双层膜变成六角形结构,最终会导致细胞受损或者直接发生渗透性水孔,但此时细胞还有修复的机会。缓慢脱水是最轻微的,导致细胞萎蔫、塌陷、细胞表面延伸,膜细胞变性、发生聚合反应导致细胞受损,也会使膜蛋白游离导致离子泵受损,使离子外渗。缓慢脱水是略带伤害性的胁迫,这一过程是可逆的。

2. 植物对逆境的响应和次生代谢的开启过程

①逆境信号在几分钟之内被传输到植物体的全身。植物遇到任何一种逆境都产生应激反应,这种应激反应涉及植物每一个细胞,这种应答能力不仅正在生长和发育的细胞,而且成熟的细胞也能对逆境信号做出应答,也就是说胁迫使所有细胞都从初生代谢转入到多种次生代谢防御途径,并激活新的防御性酶和防御基因。

胁迫会引起植物的多重信号反应,产生多种信号分子,包括乙烯(ETH)、水杨酸(SA)、茉莉酸(JA)、过氧化氢(H_2O_2)(图 1-6)。

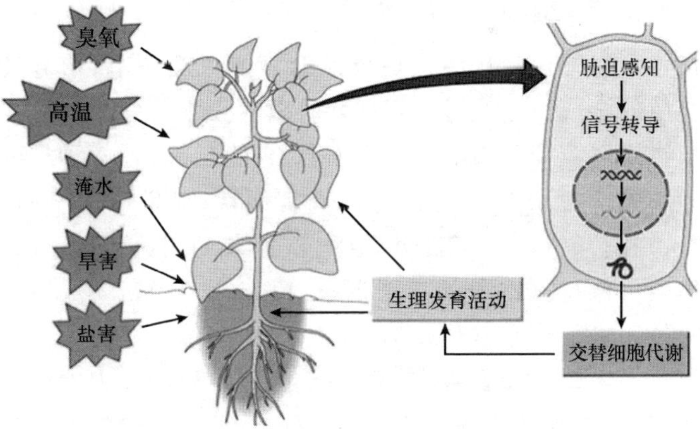

图 1-6　植物以整个生物有机体抵抗环境胁迫

②胁迫促使植物体内的乙烯大量合成。乙烯是一种信号物质，是气态的、不稳定、易消耗。乙烯的前体是一种含硫氨基酸即蛋氨酸，当植物遇到环境胁迫或人造胁迫时，其体内存有的蛋氨酸就能迅速形成逆境乙烯或伤害乙烯，逆境下植物体内的乙烯就会成几倍或几十倍地增加，而当胁迫解除时恢复正常。

1964年利伯曼(Lieberman)提出乙烯来自蛋氨酸。1979年亚当斯(Adams)确定了乙烯合成途径，即：蛋氨酸→腺苷蛋氨酸(SAM)→1-氨基环丙烷基羧酸(ACC)→乙烯(ETH)。

③第二信使钙离子的信号传递。乙烯将逆境信号传递给第二信使钙离子，钙在细胞信号转导上占有中心位置，激活 Ca^{2+} 的信号从一个细胞转到另外一个细胞，形成受信号转导控制的超细胞网络，Ca^{2+} 将逆境信号传递给全身每个细胞，激活转录因子，使多种抗逆基因表达。这时植物的次生代谢就开始了。

这里只介绍了植物次生代谢的一种较有代表性的开启过程。

二、次生代谢开启和运转的充分条件

1. 营养元素必须全面且充足

植物开启并运转次生代谢涉及众多的代谢调节、信号转导和防御物质的合成。这些过程需要多种营养元素的参与。

植物必需营养元素的研究已有数百年，已确认17种植物必需元素和7种有益元素；5种重金属有害元素，对生命元素(稀土元素)的认知刚开始。研究表明，植物必需的大、中元素中有一类在植物体内仍保持其本身的离子形态(K^{+}、Ca^{2+}、Mg^{2+})，另一类则经同化作用进入到有机化合物中(C、N、S、P)。

植物必需营养元素有17种，它们分别在植物体内发挥三方面生理作用：①细胞结构物质的组成成分，也是形成植物的初生代谢产物。②作为酶、辅酶的成分或激活剂等。③参与调节酶的活动，电化学作用，参与渗透调节、胶体的稳定和电荷的中和等。

大量和中量元素有些同时具备上述两到三个作用，而大多数微量元素只具有酶促功能。微量元素参与植物体酶的合成和代谢的全过程。植物必需的营养中的大量元素碳、氢、氧、氮、磷、钾参与各种各样的生命活动，在次生代谢中是不可或缺的。而中微量元素在次生代谢的开启和运转中更不可缺少。

中量元素硫、钙、镁是如何在开启次生代谢中发挥作用的呢？

硫在植物体内形成含硫的蛋氨酸，是乙烯的前体。如果土壤和植物体内缺少硫元素，就不能事先在植物体内生成蛋氨酸，乙烯就不能形成。钙作为第二信使调节对整个植物体细胞刺激信号的响应，植物体内若缺少钙元素，植物细胞的抗性基因就不能被激活。作为第二信使的除了钙离子之外，还有蛋白激酶（一类催化蛋白质磷酸化反应的酶）也是重要的信号转导因子。镁参与光合作用、糖酵解、三羧酸循环的磷酸化过程，镁参与酶促反应和代谢产物的运输。

2. 微量元素的作用

次生代谢运转是由初生代谢产物经过复杂多分支的代谢生成，微量元素作为细胞酶和辅酶的组成成分参与到此过程，比如：铜（Cu）、铁（Fe）、锰（Mn）、锌（Zn）这四种金属元素是超氧化物歧化酶的金属辅基，而超氧化物歧化酶是植物防御反应的第一道防线，微量元素中还有硼（B）（硼维持细胞膜功能、与酚类化合物络合调控来激素的活性）、钼（Mo）（钼是固氮酶的组成、参与维生素 C 合成）、氯（Cl）（氯能活化若干酶系统），其中的可变价元素 B、Mn、Mo 微量元素参与电子传递。

3. 营养腐殖质的作用

植物残体在微生物的作用下通过五个途径形成腐殖质，特别是植物残体中的多酚类和木质素分解物质，在微生物的协助下会变成醌类（百里氢醌）物质，把氢转移给硝酸的“传送系统”从而参与作物次生代谢的运转（图 1-7、图 1-8）。

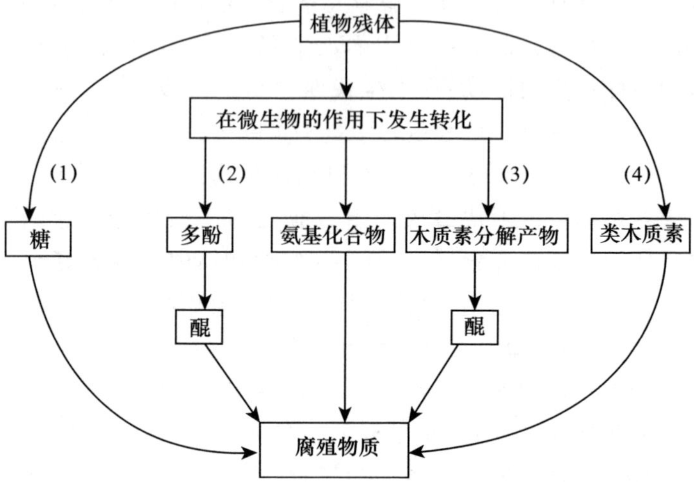

图 1-7　植物残体在微生物的作用下转化为腐殖质过程

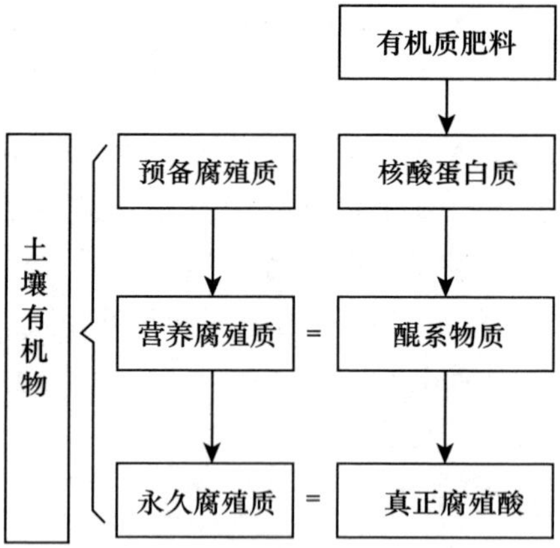

图 1-8　土壤有机物发酵到营养腐殖质阶段产生醌系物质

总而言之，胁迫加营养是开启植物次生代谢的必要条件，而全面的营养是次生代谢运转的充分条件，全面的营养就是指土壤有机质要充足、作物所必需的大、中、微量元素和有益元素都不能缺。

在下面的表格中扼要介绍植物必需元素的生理功能和丰缺表现（表 1-1）。

表 1-1 作物必需大、中、微量元素的生理功能

项目	功能	丰缺表现
碳	碳（C）是生物大分子的基本骨架碳链。碳元素有很好的化学性质，一个元素化学性质取决于最外层电子数目，碳原子最外层有 4 个电子，还有 4 个电子空位，所以碳原子很容易和其他原子共用 4 个电子形成共价键，碳原子可与氢键结合，也可以双键或三键结合，形成不同长度链状、分支链状或环状结构	碳可与氢、氧、氮、磷及硫结合成有机碳骨架，碳各占植物干物重的 45%，生成糖类、脂质、蛋白质、核酸，这些物质组成生物体最重要的有机化合物。碳造就了五彩斑斓生机盎然的生物圈，碳被称为地球生物圈最重要的元素
氢	氢（H）是细胞物质和能量交换的关键元素；细胞靠消耗 ATP 把 H^+ 泵出细胞膜外，形成植物细胞胞内负胞外正的跨膜电势，植物就靠氢离子泵把细胞化学能转化成细胞电势能，由此推动了细胞膜内外的物质交换	氢占植物干物重的 6%。植物体最初的氢离子来源于光合作用光反应中水的光解，同时产生高能磷酸键 ATP 并释放氧气同时获得氢离子。氢离子还参与光合作用能量转换的各级反应
氧	氧（O）和碳一起构成有机物；给植物的呼吸作用提供原料，保证生命正常	氧元素在植物体中所占比重与碳相当，氧占植物干物重的 45%

续表 1-1

项目	功能	丰缺表现
氮	氮(N)是生命元素,是组成蛋白质、核酸、磷脂和细胞生物膜的重要组成;参与酶以及许多辅酶和辅基的构成;是某些植物激素的成分;是叶绿素的成分;与光合作用有密切关系	氮是某些激素如生长素和细胞分裂素、维生素 B_1、维生素 B_2、维生素 B_6、维生素 PP(或称烟酸)等的成分,它们对生命活动起重要的调节作用
磷	磷(P)是核酸、核蛋白和磷脂的主要成分;与蛋白质合成、细胞分裂、细胞生长有密切关系;是许多辅酶的成分,由磷形成的辅酶参与了光合、呼吸过程;磷是ATP(三磷酸腺苷)的成分;磷参与碳水化合物的代谢和运输;磷对氮代谢和脂肪转化也有关系	磷主要以 $H_2PO_4^-$ 或 $H_2PO_4^{2-}$ 的形式被植物吸收。吸收这两种形式的多少取决于土壤 pH。pH<7 时,$H_2PO_4^-$ 居多;pH>7 时,$H_2PO_4^{2-}$ 较多。磷在植物体内可被再利用,缺磷在作物早期就有表现,底肥施磷更有效
钾	钾(K)是植物体内细胞中含量最丰富的阳离子 K^+,平衡可扩散和不可扩散阴离子电荷。钾在多细胞和整个植物中发挥了极其重要的作用。是细胞生长和气孔作用的渗透剂;参与光合作用、能量代谢和蛋白合成。是60多种酶的激活剂,如丙酮酸激酶、谷胱甘肽合成酶、淀粉合酶等;调节水分代谢;能提高作物的抗性	钾不构成生命体的结构物质;但对细胞渗透势、气孔、蒸腾有一定作用;钾可提高作物抗倒、抗病虫能力。钾在植物体内可被再利用,从老叶移动到新叶,作物早期施钾更有效
硫	硫(S)构成植物体内含硫物质;影响叶绿素合成;植物的呼吸过程有含硫的有机物参与,硫对于蛋白质结构和功能很重要。硫组成开启植物次生代谢乙烯的前体物质蛋氨酸。很多次生代谢产物中含硫	硫可构成植物体内含硫氨基酸、谷胱苷肽、硫胺素、生物素、铁氧还原蛋白、辅酶 A、S-甲基甲硫氨酸(或称维生素 U)等物质

续表 1-1

项目	功能	丰缺表现
钙	钙(Ca)构成植物体内果胶酸钙、钙调素蛋白、肌醇六磷酸钙镁等；加强有机物运输；是细胞伸长所必需的元素，影响细胞壁和纺锤丝形成、保证细胞分裂；钙对植株挺立和秸秆的硬度有作用，也影响籽粒形成，固氮菌需要大量钙。当逆境信号由乙烯传给钙离子，钙作为第二信使激活细胞转录因子，使抗逆基因表达	在液泡中有大量的有机酸钙，如草酸钙、柠檬酸钙、苹果酸钙等。钾可加强碳水化合物运输的作用。钙的吸收靠蒸腾拉动，钙在植物体不易被再利用，因此缺钙症状主要表现在新叶上
镁	镁(Mg)构成叶绿素镁卟啉的化合物；是植物体肌醇六磷酸钙镁、果胶、酶的主要成分；影响钾离子和钙离子的转运；调控信号的传递，参与能量代谢、蛋白质和核酸的合成	镁在体内一部分形成有机化合物，一部分仍以离子状态存在。作物在生长后期特别容易表现出缺镁，尤其是钾过量表现出对镁的拮抗
铜	铜(Cu)对叶绿素有稳定作用，防止其过早被破坏；铜参与糖代谢，与呼吸作用关系密切；参与固氮根瘤的形成，抑制真菌，抗旱，抗击灾害天气	铜是超氧化物歧化酶(CuZn-SOD)的金属辅基；Cu^{2+} 与土壤中几种化合物形成螯合物接近根系
铁	铁(Fe)是铁硫蛋白、铁钼蛋白等酶的组成成分；是固氮酶的成分；铁在光合和呼吸两个代谢中起氧化还原作用。铁抑制真菌。铁主要以 Fe^{2+} 的螯合物被吸收；铁进入植物体就处于被固定状态而不易移动	铁是超氧化物歧化酶(Fe-SOD)的金属辅基；缺素主要表现在上位叶

续表 1-1

项目	功能	丰缺表现
锰	锰(Mn)是许多酶的组成成分;参与光合作用,在水的光解中发挥作用,对种子发芽、幼苗生长、花粉管发育伸长和植物茎的机械强度有一定的作用	锰是超氧化物歧化酶(Mn-SOD)的金属辅基;缺锰会抑制植物蛋白质合成,造成硝酸盐在植物体内积累,最终在果实中形成亚硝酸盐使生命体中毒
锌	锌(Zn)在植物的光合、呼吸、氮代谢、蛋白质合成、激素合成和植物生长方面都有作用;植物体内有 59 种复合酶含锌。锌促进生长素(吲哚乙酸)的合成和促进新器官的生长,保护根表和根内细胞膜,提高植物抗旱能力	锌是超氧化物歧化酶(CuZn-SOD)的金属辅基;锌以 Zn^{2+} 形式被植物吸收。缺锌不能合成生长素吲哚乙酸。缺锌果树表现小叶病
硼	硼(B)可增强细胞壁对水分的控制,硼维持细胞膜功能,增强植物抗寒和抗病能力;通过调节淀粉合成影响蒸腾;影响细胞的发育和伸长;影响碳水化合物代谢并在氨基酸和蛋白质合成中起作用;与酚类化合物络合调控来激素的活性,促进糖和生长素运输,产生花蜜吸引昆虫授粉	硼以硼酸(H_3BO_3)的形式被植物吸收。缺硼将导致油菜开花而不结籽实。与钙共同作用形成细胞间胶结构,保持细胞壁结构完整,增强植物抗寒、抗病和抗击灾害天气的能力
钼	钼(Mo)是植物体内固氮酶和硝酸还原酶重要组成成分;使植物抗击灾害性天气;钼促进磷的吸收,并促进维生素 C 的合成	钼以钼酸盐(MoO_4^{2-})的形式被植物吸收,缺钼时导致硝酸盐在植物体内积累,使植物果实变得对食用者有害
氯	氯(Cl)促进谷氨酰胺的转化,有利于碳水化合物合成;参加光合作用中水的光解反应;能活化若干酶。抑制土壤 70%～90%真菌;维持细胞膨大,叶和根细胞的分裂也需要 Cl^- 参与	氯以 Cl^- 的形式被植物吸收。与钾一起平衡光合作用、调节气孔开闭、参与渗透势的调节

续表 1-1

项目	功能	丰缺表现
镍	镍(Ni)参与种子萌发、氮代谢、帮助植物铁吸收过程;维持脲酶的结构和功能;可提高过氧化物酶、多酚氧化酶和抗坏血酸氧化酶的活性	镍是固氮菌脱氢酶的组成成分;缺镍不能完成生命周期

第二章　植物次生代谢产物、功能及途径

第一节　次生代谢产物的综述

一、次生代谢的主要产物、代谢途径及功能

1. 植物次生代谢的产物和主要途径

次生代谢是大自然的植物在与各种逆境抗争中产生的，其代谢产物种类繁多，大约有 10 万种。

植物在逆境中一般会开启至少 20 条次生代谢途径，其中有 5 条途径对形成植物的化感物质及品质与风味物质影响显著。

这 5 条次生代谢途径为：

①生物碱代谢途径，产生含氮化合物。

②酚类衍生物代谢途径，产生酚类化合物。

③类黄酮类化合物代谢途径，产生黄酮类化合物。

④有机酸代谢途径，功能是改变 pH 和果实风味。

⑤萜类代谢途径，产生萜烯类和甾类化合物。

植物的初生代谢需要进行碳代谢、氮代谢、光合作用、呼吸作用、遗传物质代谢等。次生代谢中的主要 5 条代谢途径，其产物主要是植物的化感物质和风味物质，这些产物具有很多方面

的功能性物质，包括：防控病虫害或称免疫物质，抗击灾害性天气的物质，能除草的物质，具有修复功能的物质以及风味物质（图 2-1）。

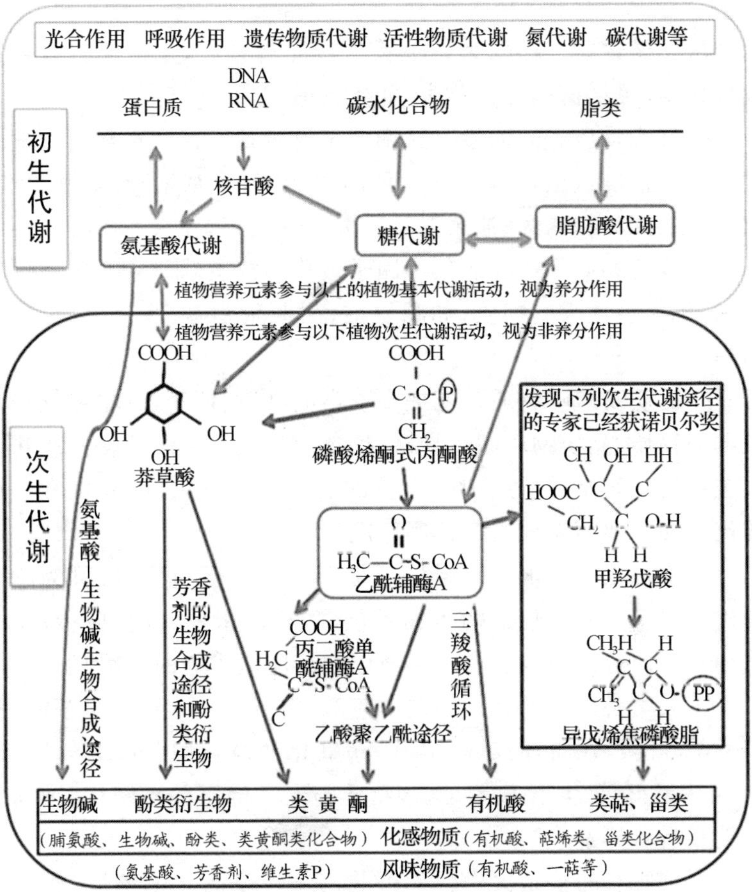

图 2-1 植物初生代谢和次生代谢的产物与功能示意图

2. 次生代谢产物的主要功能

植物生长过程中遇到任何一种胁迫，都会开启次生代谢途径，形成维系自身生长和抵抗不良环境的物质。这些物质又可以细分为：

①化感物质。被称为抗性物质或防御物质，也被称为抗生素或植保素，可抵御病、虫、草害，如生物碱、酚类和萜类等。

②激素物质。共同参与和调控植物生长发育和对环境的适应性。目前被确认植物体内有 9 种内源激素：赤霉素、脱落酸、生长素、细胞分裂素、乙烯、油菜素类固醇、多胺、茉莉酸、水杨酸。

③渗透物质。或称非生物因子被称为抗逆（干旱、寒冷、热害、盐碱）抗灾害性天气物质，如脯氨酸、甜菜生物碱、脱落酸、可溶性糖等。

④品质及风味物质。能提高农产品品质、色泽、品相和延长贮藏期的物质，品质物质即生物碱、酚类、萜类、类黄酮类等。风味物质包括特殊氨基酸、芳香剂、类黄酮类化合物、适当的有机酸与糖的比例和一些萜类物质等都属于风味物质。

⑤逆境蛋白。由各种逆境诱导形成新的蛋白质（或称为酶），统称为逆境蛋白。包括病程相关蛋白、热激蛋白、冷响应蛋白、耐盐相关蛋白等。逆境蛋白在逆境中起着应激指挥的作用。

⑥人类必需营养素。如白藜芦醇、类黄酮类、多酚、儿茶酚、胡萝卜素、叶黄素、番茄红素、皂苷、超氧化物歧化酶（SOD）、维生素 A、维生素 C、维生素 E 等，这些物质与人类健康关系密切，被列为人类必需营养素。

不是所有的植物次生代谢产物对人类都有正面的影响，有些产物是有毒物质，如蓖麻毒素是生化武器的重要原料物质。罂粟碱、尼古丁、麻黄碱等是众人皆知的毒品和致瘾、致幻物质。棉酚可能引起人类胎儿流产或对精子发育不利。近年来一些学者发现很多种中成药，比如说喘息灵胶囊、肺安片、复方蛇胆川贝散、小儿金丹片、儿童清肺丸、小儿咳喘颗粒等，许多感冒药和止咳药都含有“马兜铃”成分，马兜铃酸是一种植物的次生代谢产物，这种成分在中成药中对人体有致癌作用。因此，从安全角度也应当重视植物的次生代谢的研究。

在下面介绍生物碱、酚类、类黄酮、有机酸和萜类的代谢途径、产物与功能，和由这些产物组成的化感物质和内源激素的功能。

二、生物碱

1. 生物碱的分类

生物碱是一大类含氮有机化合物，多数具有碱性且能和酸结合生成盐，有较强的生理活性。广泛存在于开花植物中，世界上已知的生物碱达 5 500 种以上。让植物学家感兴趣的是，植物在经受大自然的洗礼中，进化出了如此众多而又结构复杂的生物碱。

目前已知至少有 100 多科的植物中含有较多的生物碱。比如双子叶植物的豆科、夹竹桃科、罂粟科、毛茛科、防己科、马钱科、茄科、芸香科、茜草科及石蒜科等。每种植物都以独特固定的模式积累着生物碱。生物碱也被人们称为含氮化合物的的代谢产物包括有机胺类、生物碱、非蛋白氨基酸和生氰苷四大类。

①有机胺类。胺类 NH_3 的氢不同取代物，根据取代基数目分为伯胺、仲胺、叔胺、季胺（如甜菜碱）。在植物中的分布主要限于某些组织，如根部或树皮。胺类的含氮有机化合物也可分为：脂肪族单胺、脂肪族多胺以及芳香族胺。

②生物碱。生物碱在植物化学防御中发挥重要作用，多为药用植物的主要成分。植物体内生物碱含量随植物年龄的增长而增加，不同年龄的金鸡纳树皮的奎宁碱（图 2-2）以及小蘖科根部的小蘖碱（黄连素）含量就不同。

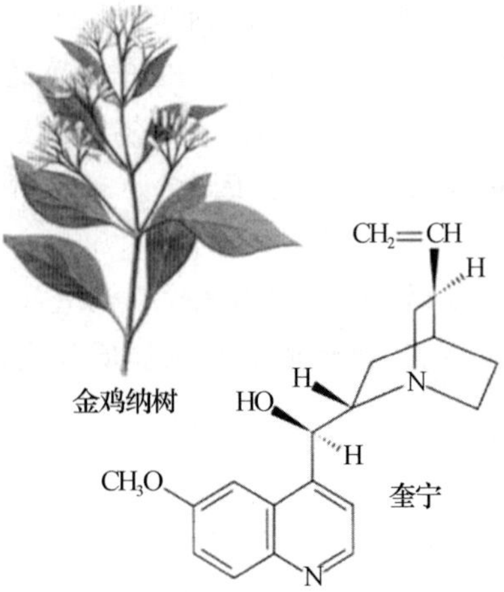

图 2-2　金鸡纳树皮分离出来的奎宁

③非蛋白氨基酸。在蛋白质内找不到(如 carnitine、GABA 和 L-DOPA),或没有被标准遗传密码编码(如 hydroxyproline 和 selenomethionine)的其他氨基酸,它们是以游离或小肽(小肽一般是指由 2～3 个氨基酸分子组成的寡肽,平均分子量约 300 u)方式存在于植物体中。非蛋白氨基酸的种类约 450 种,远多于蛋白氨基酸。这些非蛋白氨基酸对生物保持自身稳定和生物之间错综复杂关系的生态平衡具有重要意义。

很多非蛋白氨基酸是植物次生代谢产物的前身。比如,吲哚乙酸的前体是 *L*-色氨酸,乙烯的前体是 *L*-蛋氨酸。

脯氨酸是非蛋白氨基酸,它在多种逆境防御反应中起关键作用。在本书后面的章节中,我们会反复提到脯氨酸的作用。

具有活性物质前体的非蛋白氨基酸广泛存在于植物体中,如:

乌氨酸的最终生成物为烟碱。

赖氨酸的最终生成物是新烟碱和毒芹。

色氨酸的最终生成物是吲哚生物碱和奎宁碱。

酪氨酸的最终生成物是大麦芽碱。

苯丙氨酸的最终生成物是麻黄素和异喹啉碱。

丝氨酸的最终生成物是胆碱。

缬氨酸的最终生成物是青霉素。

④生氰苷。是含氮的次生代谢产物，又叫含氰苷（是氰化氢的前体，昆虫和草食动物取食含有含氰苷的植物后体内产生氰化氢，呼吸被抑制）。生氰苷广泛分布于植物界。现已鉴定出的生氰苷达 30 种左右，如苦杏仁苷和亚麻苦苷。木薯块茎含生氰苷量高，需处理后才能食用。

2. 生物碱物质的功能

①重要的功能性物质组成。生物碱是植物体很多基本物质的组成，如核酸、维生素 B_1、叶酸和生物素，是农产品品质和风味的重要组成。

②脯氨酸和生物碱的抗逆功能。非蛋白氨基酸的脯氨酸和有机胺类的甜菜生物碱，是非常重要的渗透调节物质，能帮助植物抗旱、涝、冷、热和早衰。脯氨酸在植物花粉发育、传粉和受精过程遇到胁迫时，能提供能量抵抗逆境。植物受到干旱胁迫时，脯氨酸能为植物细胞内提供足够的自由水和生理活性物质，从而保护细胞。

③化感作用或称防御功能。植物体内的生物碱使害虫拒食。吲哚生物碱能直接杀蚜虫。氧肟酸类化合物能杀细菌性病原体。

3. 生物碱的代谢途径

大多数生物碱是由 *L*-氨基酸单独合成的，比如说由色氨酸、酪氨酸、苯丙氨酸、赖氨酸和精氨酸就可以单独合成生物碱，或者由一个氨基酸与一个类固醇、或萜类结合而生成。普通氨基酸经过一两次转化，就可以从初生代谢物质转变成一种高度特异性生物碱代谢底物。

以小檗属植物黄连素的代谢途径为例，合成始于两个分子的

L-酪氨酸，其中一个 *L*-酪氨酸分子脱羧形成酪胺，或者经酚类氧化酶作用形成 *L*-多巴。随后 *L*-多巴脱羧基、酪胺在酚类氧化酶作用下形成多巴胺。第二个 *L*-酪氨酸分子转氨形成 ρ-羟基苯乙醛，多巴胺和 ρ-羟基苯乙醛缩合成(S)-去甲乌碱，再由(S)-四氢原黄连素氧化酶催化，这个酶含有一个共价的结合黄连素蛋白，最终产物——生物碱黄连素积累在细胞的液泡中。

三、酚类衍生物

酚类衍生物(phenolic)是指芳香烃中苯环上的氢原子被羟基取代所生成的化合物，是重要的一类次生代谢产物。植物中含有种类繁多的酚类化合物。

1. 酚类衍生物的分类

①木质素。木质素是由三种醇(香豆醇、松柏醇、芥子醇)形成的一种复杂酚类聚合物。木质素参与植物的木质化或木栓化过程。

木质化作用　木质化就是使细胞壁变坚硬牢固，增加植物支持重力的能力，木质化过程中形成的活性成分是木脂体，木脂体遍布植物王国，它们可以协助植物防御各种各样的病原体，或者作为花、种子、种皮、茎、果实、树皮、叶和根中的抗氧化剂。

木栓化作用　栓化是由植物细胞中疏水脂类和亲水酚类物质交替形成的多层结构，使细胞壁不透气不透水。栓化组织产生于植物的表皮、根部中，栓化就像西红柿皮一样的周皮组织，保护植物不受病原体侵扰，还参与一些特殊组织和细胞受胁迫诱导而产生的防御反应，比如土豆切开后表面变成褐色，随后出现结壳，土豆的愈伤层显示了植物的自我保护功能。这种栓化结构可增强细胞壁的强度，形成非通过性屏障，从而限制了水分损失。植物栓化过程产生绿原酸和其他酚类，防止暴露部分的感染。对植物来说木栓化作用的重要性超过木质化作用。

②芪类。或称二苯乙烯，化学名称为芪三酚。近年受到科学界注目的白藜芦醇就是一种芪，是最出类拔萃的多酚。白藜芦醇广泛存在于花生、葡萄、虎杖和决明子等植物或果实当中，至少在21科31属的72种植物中发现有白藜芦醇的存在。白藜芦醇是许多植物受到生物或非生物胁迫（如真菌感染、紫外线照射等）时所产生的一种抗性物质。近年来各国的科学家对葡萄中的白藜芦醇的研究特别感兴趣发现，红葡萄种植在越是有强烈阳光照射的地方、越是虫病害严重其白藜芦醇含量越高。总之越是长在恶劣环境（环境胁迫）的红葡萄其白藜芦醇含量越高。

③其他酚类。简单酚类，一种在苯环上被烃基取代的化合物，有调节植物生长的作用，如植保素、水杨酸、苯甲酸。醌类是由多环芳香烃化合物（如萘、蒽等）组成的，醌类的化学性质活跃，可使植物呈色。有机肥发酵中形成的营养腐殖质富含百里氢醌，是有机肥中最有效的成分。

2. 酚类的功能

①抗病、抗虫和抗杂草功能。几乎所有酚类都有特殊的抗菌活性。酚类衍生物对植物有杀菌、伤口愈合、防腐败作用，可延长农产品的货架期。没有酚类衍生物植物几乎无法存活。如酚类胶补骨脂素（呋喃香豆素类的一种），原本无毒，被日光中的紫外线照射可激发为高能电子态，导致入侵生物的细胞死亡，伞形科的芹菜、防风草和芫荽富含这类呋喃香豆素光照后有毒。芹菜也会在逆境或病害影响下其体内呋喃香豆素含量增加100倍。香豆素有抑制杂草的作用。众多混杂酚类参与植物防御反应，或赋予植物以特殊的味道和气味。含有异黄酮类中的鱼藤属植物根中的鱼藤酮有很强的杀虫作用。植物受细菌或真菌侵染后会形成植物防御素鱼藤酮，能限制病原微生物进一步扩散。

②化感作用或称防御功能。简单酚类中的香豆素类、呋喃香

豆素类是植物的防御物质。芪类化合物能够保护植物不受细菌和真菌侵染、不被动物取食并抑制种子发芽。

3. 酚类的代谢途径

酚类物质通过多条途径合成，以莽草酸途径和丙二酸途径为主。高等植物大多是通过莽草酸途径将初生物质转化成次生物质。莽草酸途径合成酚类，糖酵解产生的磷酸烯醇是由丙酮酸(PEP)和戊糖酸途径产生的 *D*-赤藓糖-4-磷酸作用，形成中间产物 3-脱氧-*D*-阿拉伯庚酮糖酸-7-磷酸，进一步环化成重要中间产物莽草酸。莽草酸再与 PEP 作用，形成 3-烯醇丙酮酸莽草酸-5-磷酸，脱去 Pi，形成分支酸。分支酸是莽草酸途径的重要中间物质，两支：一个分支最终产物色氨酸，另一个分支是形成预苯酸，再经酪氨酸前体再分别形成苯丙氨酸和酪氨酸。

植物酚类物质以在叶片中合成为主，茎和根合成量仅占总量的四分之一。酚类化合物以糖苷或糖脂状态积存于液泡中，有的进一步形成聚合物质成为棕色色素或木质素沉积在细胞壁中。

四、黄酮类

1. 黄酮类的分类

黄酮类或黄硷素类物质，也被称为维生素 P。黄酮类是酚类的一个巨大家族，目前世界上已知有 4 500 多种。黄酮类的家族成员复杂，比如花青素苷(色素)、原花青素或缩合鞣质(阻食剂和木材保护剂)、异黄酮类(防御产物和信号分子)、儿茶素、黄酮醇类、黄烷酮等都属于黄酮类。

2. 黄酮类的功能

①防御功能。黄酮类化合物可杀死感染生物体的真菌。黄酮类中的原花青素(缩合鞣质)是植物的阻食剂，鞣质能防止真菌和

细菌的侵袭。鞣质或称为单宁，分为缩合鞣质（分子量较大）和可水解鞣质（分子量较小）。

②防紫外光的保护剂。黄酮类和黄酮醇类存在于花器官、绿叶和茎的表皮层，这两类物质允许可见光通过，并吸收紫外线避免细胞受到强烈光照射，故可以说此类物质是植物防紫外光的保护剂。

3. 黄酮类的代谢途径以花青素为例

花青素是黄酮类化合物中的一个重要类型，是一类水溶性天然植物色素，其合成过程涉及很多酶的催化，比如，苯丙氨酸解氨酶（PAL）、查尔酮合成酶（CHS）、花青素合成酶（ANS）、苯甲酸2-羟化酶（BA2H）和无色花青素还原酶（LAR）分别是酚类化合物、类黄酮、花青素、水杨酸和单宁（主要是多元酚的衍生物）形成的最为关键的限速酶（图 2-3）。

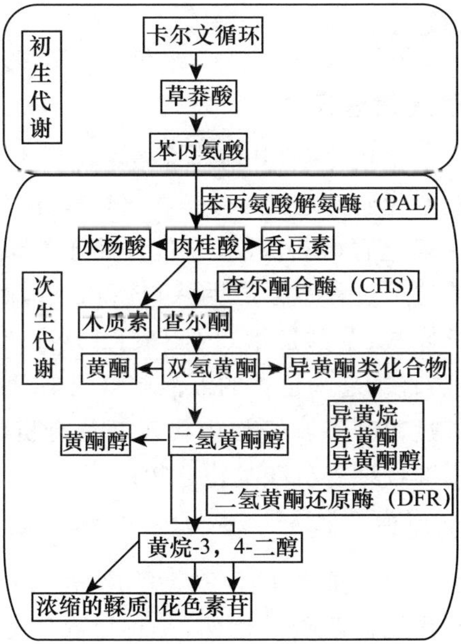

图 2-3　黄酮类中花青素的代谢途径

在花青素合成过程中，有一些关键的酶发挥重要作用：①苯丙氨酸解氨酶 PAL 催化苯丙氨酸脱氨，生成反式肉桂酸和氨，引导碳素流向酚类物质，是植物大部分酚类物质形成的第一个关键限速酶，为其他酚类代谢反应提供代谢底物。在营养水平、光照长短、病菌及机械损伤等因素的影响下，刺激植物体从苯丙氨酸解氨酶（PAL）开始简单酚类的合成途径，它是初生代谢与次生代谢的分支点，这种酶是形成酚类化合物中的一个重要调节酶。经过苯丙氨酸解氨酶（PAL）的作用，就形成各种简单酚类化合物、香豆素、苯甲酸衍生物、木质素、花色素苷、异黄酮、缩合鞣质。②查尔酮合成酶 CHS 是将苯丙烷类代谢途径引向黄酮类合成的第一个酶，该酶的激活也会受到植物激素、营养水平、光照、病原菌及机械损伤的诱导，同时其活性受到上述因素强度的影响。

五、有机酸

1. 有机酸的代谢途径

有机酸的产生比较复杂，其前体三羧酸循环本属于初生代谢，是呼吸作用的核心代谢途径之一，其氧化磷酸化过程产生高能磷酸键（ATP）和二氧化碳（CO_2），这一过程属于有氧呼吸作用。但在某种胁迫下使这个过程不再产生 ATP 和 CO_2，而促使三羧酸循环中所形成的柠檬酸、草酰乙酸、丙酮酸、α 异戊二酸等物质脱离三羧酸循环系统，直接进入植物的液泡储藏起来，形成植物体内的酸性环境。这一过程已不属于初生代谢而是有机酸次生代谢，最终形成植物体内的各种有机酸类化合物。

2. 有机酸的功能

①农产品品质中的重要指标。“糖酸比”是由初生代谢的糖代谢产物与有机酸次生代谢酸的比例，是构成农产品果实的口感的决定性因素。有机酸与糖组成的不同糖酸比，是农产品风味组成

之一。

②杀菌作用。有机酸促使植物体内液泡 pH 小于 4.2，能够杀死进入植物体的细菌性病原体。

六、萜类

萜类化合物是所有异戊二烯聚合物及其衍生物的总称，萜类化合物中的烃类物质通常称为萜烯。萜类化合物除了以萜稀的形式存在外，还以各种含氧衍生物的形式存在，包括醇、醛、羧酸、酮、酯类、苷等。萜类物质的产生是植物进化到较高层次的体现。

萜类在自然界分布广泛种类繁多，有 1 万种以上。

1. 萜类的分类

萜类是自然界存在的具有$(C_5H_8)_n$ 通式的碳氢化合物及其含氧饱和程度不等的衍生物总称，其分子结构的碳架可看做是异戊二烯的聚合体。迄今发现自然界中带有$(C_5H_8)_n$ 通式的萜类，包括 n 从 1～102 的各种萜类物质。常见的单萜($n=2$)、倍半萜($n=3$)、双萜($n=4$)、二萜($n=6$)和四萜($n-8$)，当 n 超过 8 后一律称为多萜。

根据异戊二烯的数量可将萜类做如下分类：相对分子质量低的萜是挥发油；相对分子质量高的为树脂；较复杂的化合物胡萝卜素等；更大分子萜类则形成橡胶等高分子化合物。

①单萜类和倍半萜类。称为“低萜类化合物”，多具有挥发性，常以挥发油的形式存在于高等植物中。

②双萜类以上的化合物。称为“高萜类化合物”，一般不具有挥发性，普遍以树脂等形式存在于植物中。

③三萜类化合物。分为三萜皂苷、甾基皂苷、植物甾醇、强心苷、蟾蜍甾烯、葫芦素、类柠檬苦素、苦木内酯等。其中的皂苷类是一类植物糖苷化合物，是以水溶性糖基结合一个亲脂性的甾醇基，

或三萜类基团而成。此类化合物具有降低液体表面张力的作用，皂苷常见的有甾体皂苷和三萜皂苷，是在植物界广泛分布的一类结构复杂的分子，在单子叶和双子叶植物中均有分布。类似于肥皂，在水溶液中可形成泡沫，广泛分布于大量开花植物中。

④四萜类化合物。分为叶黄素、番茄红素、α 胡萝卜素、β 胡萝卜素、γ 胡萝卜素，在光合作用中保护植物免受光氧化损伤。

⑤多萜类化合物。如橡胶等。

萜类产物是从植物花、果、叶、茎、根中得到的有挥发性和香味的油状物（表 2-1）。

表 2-1　萜类化合物的分类

项目	IPP 数	碳数	存在形式	重要代表物
单萜	2	10	挥发（精油）	罗勒烯、香叶醇、柠檬醛、香茅醇、松节油、樟脑、龙脑（冰片）、除虫菊酯
倍半萜	3	15	挥发油、树脂	金合欢醇（链状）、大牻牛儿酮、愈创木薁（环状）、青蒿素、脱落酸
二萜	4	20	树脂	植物醇（链状二萜类）、维生素 A（单环二萜类）、赤霉素
三萜	6	30	皂苷、树脂	角鲨烯（链状三萜类）、甘草次酸（五环三萜类）、皂苷、固醇
四萜	8	40	色素	胡萝卜素、叶黄素（共轭多烯长链的四萜类化合物）
多萜	>8	>40	天然橡胶	天然橡胶、硬橡胶

2. 萜类的功能

萜类物质在刺激植物生长和抵抗各种逆境中发挥功效，如：

①激素作用。萜类中的双萜赤霉素属于植物激素，可调节植物生长的高度。

②脂膜保护作用。萜类物质中的三萜固醇与磷脂是细胞膜的必需组成，使膜稳定。

③光强保护作用。胡萝卜素和叶黄素吸收光能，参与光合作用，叶黄素保护叶绿素不受强光的过度伤害。

④信号传递作用。赤霉素和脱落酸也都是信号转导物质，脱落酸是种子成熟和抗逆性信号，是由胡萝卜素转化来的；另一种激素和信号物质是细胞分裂素，它含有萜类侧链。油菜素类固醇是甾醇类物质，可提高植物的抗逆性。

⑤抗逆功能。萜类和甾类化合物的进一步反应形成脱落酸，与脯氨酸、甜菜生物碱，共同使植物抵抗灾害性天气和抗早衰。

⑥防御功能。类萜和甾类化合物能杀死危害农作物的各种线虫，并能抑制细菌性、真菌性和各类病毒性的病原体。如正在生长中的玉米植株遇到啃食它的黏虫幼虫时，很快就会释放出一种芳樟醇单萜类物质，这种挥发性物质能使黏虫幼虫中毒死亡。

3. 萜类化合物的代谢途径

甲羟戊酸途径和甲基赤藓醇磷酸途径，两者都形成异戊烯焦磷酸(IPP)，然后进一步合成萜类，所以异戊烯焦磷酸(IPP)亦称为“活跃异戊二烯”。两个途径差异是异戊二烯焦磷酸酯(IPP)形成机制不同。

①甲羟戊酸途径。它是在细胞质中进行，并以糖酵解产物乙酰辅酶 A 分子为原初供体。产物为甾类和倍半萜。

②丙酮酸/磷酸甘油醛途径。它主要在植物特有的细胞器——质体中进行，产物为胡萝卜素、单萜和二萜等。

第二节 植物内源激素

植物内源激素目前被确认有9种,来源于植物次生代谢的不同途径。它们共同参与植物的生长发育和调控对环境的适应性。植物对激素的需要量很少,因此在栽培中如何激活激素是技术关键。

一、植物内源激素的分类

1. 植物内源激素的定义

植物体内自身的内源调控物质叫植物激素。对环境刺激做出应激反应的微量信号分子。植物激素是对植物发育有显著作用的微量有机物质。可有效调控植物从细胞生长和分裂,到生根、发芽、开花、结实、成熟和脱落的生命全过程。植物体内激素浓度的变化是在与环境因子的相互作用中产生的,而激素浓度的变化又进一步控制了植物的整个发育进程。植物激素从产生部位运送到作用部位,在低浓度下也就是在几纳克/克(ng /g)鲜重就可明显改变植物体某些器官的生长发育状态。(说明:1 克=1 000 毫克、1 毫克=1 000 微克、1 微克=1 000 纳克;1 ng=0.001 μg =0. 000 001 mg;克 g、毫克 mg、微克 μg、纳克 ng)

植物激素具有以下特征:a. 在植物界广泛存在的植物内源激素;b. 有特异的生物活性,浓度很低就产生作用(人工合成的激素类植物生长调节剂,非常难控制使用量,过量很容易造成对农作物和对人类的伤害);c. 激素间有影响,一种激素可抑制或刺激另一种激素的合成。

2. 植物内源激素的分述

目前学界确认的植物激素有 9 种，如赤霉素、脱落酸、生长素（吲哚乙酸）、细胞分裂素、乙烯、油菜素类固醇、多胺、茉莉酮酸、水杨酸。不同激素之间存在微妙关系，生长素和乙烯控制着细胞生长的速度和发育方向，生长素的提高可诱导乙烯的生成，而乙烯抑制组织和细胞的生长。脱落酸与赤霉素这两种激素在植物体内的作用不同，但它们却都有共同的前体甲瓦龙酸（MVA），含有异戊二烯是萜类化合物，它们被光诱导后，一个生成赤霉素，另一个生成脱落酸。每一种激素有着各自的特性，综述如下：

①赤霉素（GA）是萜类的双萜类物质。赤霉素是植物体内的天然产物，是植物生长的诸多环节上的内源调节剂。赤霉素合成部位在芽、嫩叶、未成熟种子、未成熟果实、根尖，能促进种子萌发、延缓叶片和果实的衰老，加速细胞的伸长，促进茎、叶的伸长生长，加速细胞分裂、成熟细胞纵向伸长、节间细胞伸长。大多数植物体内含有 10 种以上的赤霉素类物质。目前已鉴定出的赤霉素有 113 种分为两类：一类是 C_{20} 分子中含有 20 个碳原子；另一类是 C_{19} 的赤霉素失去第 20 个碳原了。植物种了的赤霉素含量比较高，浓度可达 50 微克/克（鲜重），而营养器官赤霉素含量很低。

②脱落酸（ABA）是异戊二烯代谢途径产物，属于四萜物质，是由 β 胡萝卜素转变而成的。种子中积累脱落酸可促进成熟。脱落酸也是一种胁迫激素，它在植物激素调节对逆境的适应中显得最为重要。脱落酸主要通过关闭气孔来保持植物组织内的水分平衡，并通过增强根的透性、提高水的通导性等来增加植物的抗性。在低温、高温、干旱和盐害等多种胁迫下，植物体内脱落酸含量大幅度升高，此现象的产生是由于逆境胁迫增加了叶绿体膜对脱落酸的通透性。脱落酸（ABA）能够维持细胞结构和膜结构的稳定；防止逆境对细胞器和膜系统的伤害：维持细胞骨架的稳定；提高细

胞膜脂碳链的流动性，防止膜系统遭受低温伤害；维持抗氧化剂谷胱甘肽(GSH)的稳定，防止膜脂过氧化；提高细胞的吸水力；改变植物体内的代谢过程，促进某些溶质的积累；在叶内，能调节气孔运动，促使关闭，减少蒸腾失水；在根中，能刺激离子的吸收与运转，增加根内渗透组分，提高吸水力。

③生长素(IAA)或称吲哚乙酸，属于生物碱代谢途径的非蛋白质氨基酸一类，在植物体内极少的含量就有生物活性。大多集中在生长旺盛的部分——胚芽鞘、芽和根尖的分生组织、形成层、受精后的子房、幼嫩种子中，而在趋向衰老的组织和器官中则甚少。生长素的作用是顶端优势、植物的向性、茎的延长、形成层细胞的分裂和根的萌发。低浓度时可以促进生长，高浓度时抑制生长，甚至使植物死亡，这种抑制作用与其能否诱导乙烯形成有关。

④细胞分裂素(CTK)。它不是萜类但含有萜类侧链。主要分布在细胞分裂的部位，如茎尖、根尖、未成熟的种子、萌发的种子、生长着的果实内部。细胞分裂素促进细胞分裂、消除顶端优势、促进侧芽的迅速生长、延缓植物衰老、抑制茎伸长。细胞分裂素合成部位在植物根尖、叶、芽中。

⑤乙烯(ETH)前体是蛋氨酸，是经生物碱途径下生成的非蛋白氨基酸，乙烯是一种气体，能促进植物的果实成熟、促进叶片衰老、诱导不定根和根毛的生长、打破植物种子和芽的休眠、抑制植物开花。在分生组织，如萌发的种子、凋谢的花朵和成熟的果实中乙烯的含量较大。它存在于成熟的果实、茎节和衰老的叶子中。乙烯也是胁迫激素，是次生代谢开启的信号物质。

⑥水杨酸(SA)是简单酚类化合物，主要的生理作用是促进生根，延迟果实的后熟和衰老，调节植物的光周期，诱导开花，调节种子发芽和气孔关闭。当病原侵染植物体后，水杨酸在植物体内急剧增加，抑制过氧化氢酶同时促使超氧化物歧化酶(SOD)活性增加，引起一系列过敏反应，植物将逆境信息传送到植物的远端引起

植物系统获得抗性，可诱导呼吸方式从细胞色素呼吸途径转到交替呼吸途径，为植物病理反应提供物质、能量以及信号转导的基础。当植物被病原体感染时，酚类化合物苯甲酸和水杨酸二者同时发挥作物。

⑦茉莉酸(JA)。茉莉酸是一种亚麻酸氧化衍生物，具有很强的挥发性，是帮助植物抵抗病虫害的植物激素。在植物受到害虫侵害时，茉莉酸作为系统性信号物质对作物的抗性有调节作用，不仅表现在受伤部位，而且在作物未受伤的远端也产生抗性。对花的雄蕊发育有重要作用。茉莉酸有抗热性。通常在花和果实等繁殖器官特别是未成熟的果皮中含量高，茎端、根尖和幼叶中也较高。茉莉酸与脱落酸有许多相似之处，如抑制生长、抑制种子和花粉萌发、促进器官衰老和脱落、诱导气孔关闭、促进乙烯产生、提高抗逆性。

⑧油菜素类固醇(BR)。油菜素类固醇是一种植物甾醇类激素，属于三萜类物质，是信号转导物质，在植物界广泛存在，又称芸薹素。以甾醇为骨架的一类植物激素，属植物内源生理活性物质。

1970年美国农学家密恰尔(J. W. Mitchel)，在油菜花粉中发现了这种能明显促进幼苗生长的物质，并以此而定名。油菜素类固醇施用很低的浓度下即有促进作物生长和良好的增产效果。油菜素类固醇可以诱导植物的一系列细胞内反应，如茎的延长、花粉管的延长、叶片的弯曲和偏上生长，抑制根的生长、诱导乙烯的合成。油菜素类固醇可提高农作物的抗逆性和产量。参与光信号调节，影响光周期反应，提高作物产量及种子活力，减少果实的败育和脱落等。

⑨多胺(PA)。多胺是一类生长调节剂。多胺的合成是与乙烯同一代谢途径，是一组小分子量的含氮脂肪碱，属于生物碱代谢途径，其前体都是含硫氨基酸。在植物中以阳离子状态存在于细胞中，多胺可激活 DNA、RNA 和蛋白质的合成，影响植物的细胞

分裂、花芽分化、根茎生长、胚胎发育、开花和果实成熟的生长过程，以及细胞凋亡。在保护生物膜稳定上发挥作用。在植物缺少钾、磷、钙、镁、铁、锰、硫等元素以及干旱和高温条件下，植物体内会产生更多的多胺。同时对各种环境胁迫如盐胁迫、低温胁迫、干旱胁迫等产生应激反应。多胺尤其对盐胁迫的忍耐度高。

二、植物内源激素的功能

1. 每种植物内源激素的代谢途径

每种植物内源激素的代谢途径各异、主要功能各异和发生部位各异。见表 2-2。

表 2-2　植物的内源激素功能与代谢途径汇总表

激素	化学结构	主要作用	发生部位
赤霉素	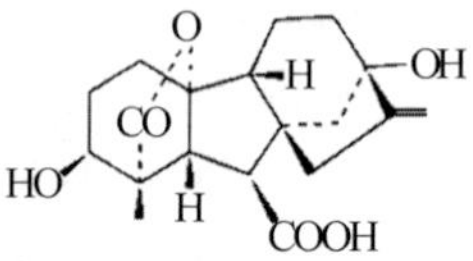	刺激细胞伸长、促进种子萌发、促进茎和叶片生长，影响根生长和分化，刺激开花和果实发育	芽顶端，根尖，幼叶片的分生组织和胚芽中
细胞分裂素	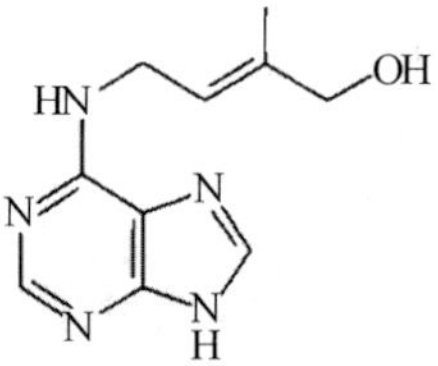	促进细胞分裂，刺激生长发育和开花，控制生长和分化，延缓衰老	茎尖、根尖、未成熟的种子、萌发的种子、生长着的果实内部
脱落酸	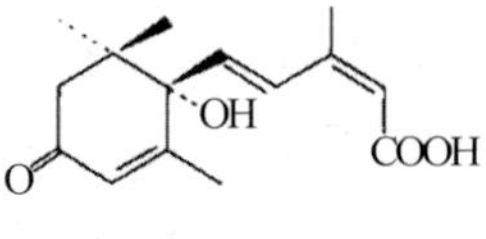	抑制生长，促进器官脱落，促进休眠，在缺水胁迫时关闭气孔	叶、茎、绿色果实

续表 2-2

激素	化学结构	主要作用	发生部位
生长素	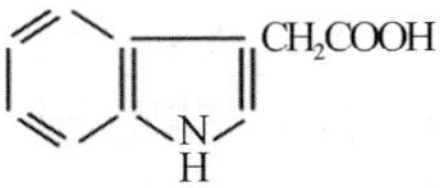 也称“吲哚-3-乙酸”	促进根茎生长、细胞伸长、分枝、组织分化，强化植物顶端优势以及向光性和向地性	芽顶端、幼叶分生组织、种胚
乙烯	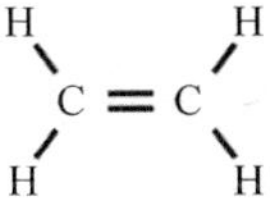	促进果实成熟，加速器官的衰老和脱落，对生长素具有拮抗作用，促进或抑制根、花的发育	成熟果实的组织、茎节、枯黄叶片和成熟的花
水杨酸	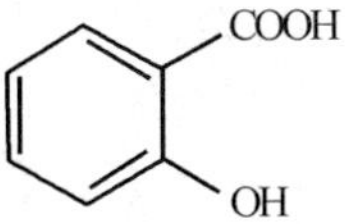	为植物病理反应提供物质、能量以及信号转导	可以延迟花瓣的衰老和诱导开花
茉莉酸	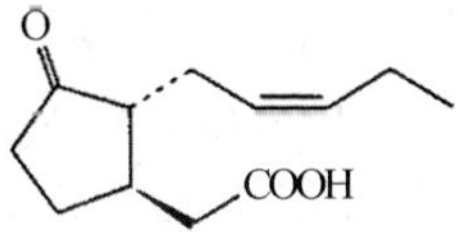	抵抗病虫害，在花雄蕊的发育中起重要作用。在植物细胞的多种逆境反应中起信号介导的作用，引起细胞抗逆反应产物的表达	在植物幼嫩组织、花、果皮、种脐、种皮中被发现，维管束中含量高
油菜素固醇	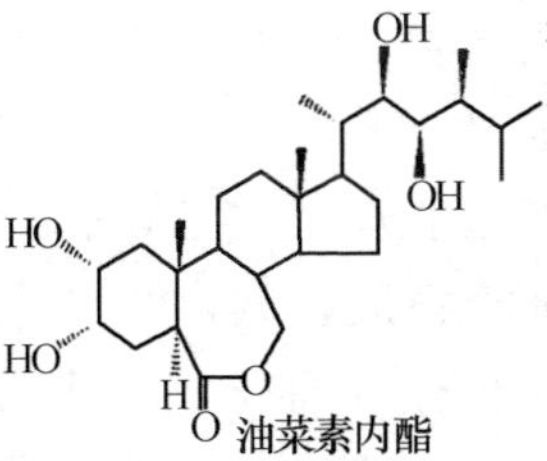 油菜素内酯	增加植物对冷害、冻害、病害、及盐害等的抗性。协调植物体内多种内源激素的相对水平	广泛存在于植物的花粉、叶、果实、种子、茎和枝条

续表 2-2

激素	化学结构	主要作用	发生部位
多胺	$H_2N—CH_2—CH_2—CH_2—NH—CH_2—CH_2—CH_2—CH_2—NH_2$	促进植物花芽分化及胚胎发育，延缓衰老，主要存在于嫩组织原生质和老细胞壁中	植物的根、茎叶、花、果实、种子、块茎和胚中含多胺

2. 人造生长调节剂的使用引起负面作用

植物体内存在微量的天然植物激素如乙烯、3-吲哚乙酸和赤霉素等，20 世纪 20～30 年代被人们发现，到 20 世纪 40 年代开始了人工合成类似物或称生长调节剂的研究和生产，陆续开发出 2，4-D、胺鲜酯(DA-6)、氯吡脲、复硝酚钠、α-萘乙酸、抑芽丹等，并逐渐推广使用。到目前此类产品的种类繁多，已经成为农药的一个类别。

人工合成的植物生长调节剂是一类与植物激素具有相似生理和生物学效应的物质，不能过量使用。一般每亩用量只需几克或几毫升。在生产中有的农户总怕用量少了没有效果，随意加大用量或使用浓度，这样做不但不能促进植物生长，反而会使作物生长受到抑制，严重的甚至导致叶片畸形、干枯脱落、整株死亡。正是由于人工合成的激素类农药在实际应用中容易出现偏差，或致作物过快生长，或致生长受到抑制，最终影响到农产品的品质和风味物质的形成，是农产品质量下降的重要原因。目前市场上常常见到用过量激素处理过的农产品，如自动开裂的西瓜、顶花长时间不枯的黄瓜等。人工合成激素也被应用在农产品的贮藏上，比如，青鲜素(抑制发芽)能够延长马铃薯、大蒜、洋葱储藏期，但对人类来讲是具有致癌作用的物质。其实农作物并不需要那么多外来的激素，人工合成激素有负面作用。生态农业用胁迫加营养的方法全面调动植物的内源激素，最终的果实品质好，更耐储存。

第三节　植物化感物质

植物的次生代谢产物通过一定途径进入环境的物质被称为化感物质。植物次生代谢物质以挥发的形式释放，是植物防御体系进化较高的层次。

一、植物化感物质的分类

1. 化感物质的定义

1937 年奥地利科学家莫利施（H. Molisch）提出化感作用（Allelopathy）的概念，指出化感作用是指植物（包括微生物）之间的生物化学关系。1974 年美国科学家赖斯（E. L. Rice）出版了关于植物化感作用的经典著作 *Allelopathy*，此书汇集了自 H. Molisch 提出化感作用概念以来的近 40 年间科学界的研究成果，对化感作用做出了定义：植物释放的化感物质可以通过挥发、淋溶、根系分泌和残茬降解等途径进入环境中，对另一种植物所产生的直接或间接的伤害作用。1984 年赖斯（E. L. Rice）在他的专著再版时，将次生代谢产物的自毒作用与有益的作用补充到化感作用的定义中。这个定义现已被广泛接受。化感物质是生物体内产生的非营养性物质，能影响其他植物的生长、健康、行为或群体关系。化感物质是化感作用的媒介，主要是植物的次生代谢物质。植物的化感物质可以通过多种形式释放到周围环境中：a. 以挥发性气体的方式释放；b. 通过根系分泌物排放到土壤中；c. 在雨雾天还会通过茎叶淋溶方式从植物体内释放；d. 还有植物死亡后的残体经过腐解产生的化感物质也释放到周围环境中。

植物释放的化感物质对本身或周围植物、动物、微生物产生促进、抑制或危害作用。到目前化感物质的种类和作用机理研究已经成为化学生态学的重要组成部分。

植物产生的化感物质对其他生物产生相生相克的关系。有着防止其他生物入侵的功能。化感物质具有挥发性,可挥发或淋溶进入周围环境。有些化感物质的作用非常强大,比如:黑胡桃树能产生胡桃醌,是一种化感作用很强的物质,它能将生长在它附近的番茄植株毒杀,并且能毒害与其距离 16 米以内的木本植物苹果、茶叶等和草本植物马铃薯、紫花苜蓿等,甚至使其无法生长。

科学家指出"化感物质是 21 世纪农业中的生物武器"。

2. 化感物质的分类

①赖斯(E. L. Rice)对化感物质的分类。简单的水溶性有机酸、直链醇、脂肪醇、脂肪醛和酮;简单的不饱和内酯;长链脂肪酸和多炔、蒽醌和复合醌;简单的酚、苯甲酸及其衍生物;肉桂酸及其衍生物;香豆素类;黄酮类;单宁;萜类和甾醇化合物;氨基酸和多肽;生物碱和氰醇;嘌呤和核苷;硫化物和芥子油苷。由此可见,植物的主要次生代谢途径都能产生化感物质。

②化感物质的特点。化感物质对植物细胞膜的透性、细胞分裂、伸长和根尖的细微结构均产生影响。化感物质还影响到植物对矿物质离子的吸收和蛋白质与酶的合成与活性,可以说化感物质对植物的代谢影响是广泛的。

化感物质的释放是通过挥发和雨雾淋溶的方式,来实现其对自身和对周边环境的影响。高等植物的化感物质有酚类、萜类、糖和糖苷类、生物碱和非蛋白氨基酸等。我国化学生态学家孔垂华指出:"各种环境胁迫条件都能导致植物酚酸和萜烯两大类化感物质增加,化感作用因环境胁迫而强化。"

化感物质中酚类物质最多，简单苯酚类化感作用强，包括羟基苯甲酸和肉桂酸衍生物、黄酮类、醌类和单宁五大类。黄酮类是酚类化感物质重要的一类，在高等植物中也很重要。酚类化感物质在结构上都有一个苯羟基，因而在生物体中容易与糖配位体结合形成糖苷分子，另外苯羟基也容易和碱或金属离子形成盐。这两种结合都增加了酚类化感物质的水溶性。

化感物质中萜类的数量仅次于酚类。萜烯物质广泛存在于高等植物的叶和皮细胞中。萜类的化感物质在干燥的气候下显得更为重要，因为它们是挥发性物质，在其周围形成所谓的"萜类云"对邻近植物产生影响。植物的次生代谢物质以挥发的形式释放是植物防御体系进化较高的层次。当然遇到降水，萜类的挥发性物质还可通过淋溶进入土壤中发挥作用。

植物体内萜类化感物质的化感作用，如菊的叶和花含有的单萜酯的拟除虫菊酯，是极强的杀虫剂。薄荷、柠檬等植物含有挥发油，有气味，能防止害虫侵袭。棉花在棉籽和下表皮毛中的倍半萜棉酚，能抵抗害虫侵袭。单萜和倍半萜的挥发性，使它们在抑制邻近杂草方面发挥作用。

二、植物化感物质的功能

在自然界的植物中存在着各种各样的化感物质。这些化感物质在形态、功能和在植物体内产生的位置等表现差异很大。化感物质的功能主要有杀菌、使害虫拒食、抑制杂草、吸引昆虫嗅觉、传递逆境信号和使害虫产生致死性过敏反应等化感物质。

自然界中的植物化感物质归类于不同的次生代谢途径，下表所列的是植物化感物质在自然界的地理分布及其化感效应（表 2-3）。

表 2-3 植物化感物质的自然分布和化感效应

类别		地理分布	化感效应
酚类	简单酚类	广泛分布于植物叶和皮层，以及地衣*和海草中	杀菌、使害虫绝食
	单宁	广泛分布于高等植物皮层以及地衣的细胞中	抗菌、使害虫绝食
	香豆素	广泛分布于植物界	抗有害微生物、抑制杂草
	醌类	广泛分布于植物界	抑菌、杀菌
黄酮类	类黄酮	广泛分布于被子植物、裸子植物和蕨类植物中	抗菌作用
萜类和甾类	单萜	分布于高等植物的精油中	吸引昆虫的嗅觉
	倍半萜	广泛分布于被子植物，尤其是菊科植物中	拒食、毒性
	双萜	广泛分布于植物乳液和树脂中	黏性、毒性
	皂角苷	存在于百合科、茄科和玄参科植物中	毒性、杀菌
	强心苷	存在于夹竹桃科、箩摩科和玄参科植物中	毒性、使害虫拒食
	甾醇	广泛分布于开花植物中	传递逆境信号
	类胡萝卜素	广泛分布于自然界的植物中	光保护、抗氧化
	葫芦素	存在于葫芦科中	绝食、毒性

续表 2-3

类别		地理分布	化感效应
含氮化合物	生物碱	广泛分布于被子植物，尤其是根叶和果实中	毒性，使害虫绝食
	胺类	广泛分布于被子植物花中	气味、吸引昆虫授粉
	非蛋白氨基酸	分布于豆科植物种子内	毒性
	生氰糖苷	广泛存在于豆科、蔷薇科、稻科的植物中	毒性
	糖苷硫氰酸酯	分布于十字花科植物中	引诱昆虫授粉、忌避
	吲哚生物碱	在禾本科植物体内分布	杀死蚜虫的效果明显
	氧肟酸类	在植物体内偶有发现	杀细菌、可引起致死性过敏反应

* 地衣：多年生，是由 1 种真菌和 1 种藻组合的有机体。

第三章　次生代谢的抗逆机制

第一节　次生代谢的抗逆防御机制

植物对各种逆境胁迫会产生不同的生理性反应，一种在胁迫下会导致细胞的生理干旱，另一种表现是膜系统被自由基攻击所导致的膜系统破坏。植物通过调整由初生代谢转向次生代谢来构建防御体系，而建立物理屏障和化学屏障。在抗逆反应中，生物体的物质代谢、能量转换和代谢调节是在严密精巧的调控下，活细胞内的数万个反应能在同一时间互不干扰、互相配合、有条不紊地进行。

植物在次生代谢中形成抗逆机制表现在 4 个方面：

①渗透调节物质的保护作用；

②抗氧化防御体系的建立（抗自由基的酶促和非酶促系统）；

③逆境蛋白的应激调控作用；

④防御信号转导与网络交叉应答机制。

一、渗透调节物质的保护作用

1. 渗透调节物质的功能

渗透调节是指通过主动增加溶质，降低渗透势，提高吸水和保水能力，以维持正常膨压的效应。植物在逆境下产生渗透调节是对逆境的一种适应性反应，不同植物对逆境的反应不同，因而细胞内累积的渗透调节物质也不同，但都在渗透调节过程中起作用。

渗透调节物质必须具备的特性，分子量小，溶解度高；在 pH 适合的范围内不带静电荷，保护细胞膜的渗透压；引起酶结构变化的作用极小，能使酶构象稳定而不至降解；生物合成迅速，并能累积到调节渗透势的水平。

在细胞层面会产生多种渗透调节物质，包括脯氨酸、甜菜生物碱和可溶性糖或称多元醇糖，还有一些无机盐离子。植物的这些渗透调节物质储存在细胞中，参与植物的抗冷、抗冻、抗热、抗旱、抗涝、抗盐等抗性生理过程。脯氨酸和甜菜碱对有氧呼吸和能量代谢过程有很好的保护作用，还能有效地保护和修补叶绿体，从而保护植物细胞膜结构在高温和低温下的完整性，并能降解 Na^+ 对酶活性的毒害。

2. 渗透调节物质的类型

①脯氨酸。是生物碱代谢途径中非蛋白氨基酸的一种，是最重要和有效的有机渗透调节物质。几乎所有的逆境，如干旱、低温、高温、冰冻、盐渍、pH 低、营养不良、病害、大气污染等都会引发植物体内脯氨酸的累积，尤其在干旱胁迫时脯氨酸累积最多。多种逆境条件下，植物都会积累脯氨酸等渗透调节物质，植物通过渗透调节作用可提高对逆境的抵抗能力。脯氨酸在抗逆中有两个作用：一是作为渗透调节物质，用来保持原生质与环境的渗透平衡。它可与细胞内一些化合物形成聚合物，类似亲水胶体，以防止水分散失。二是保持细胞膜结构的完整性。脯氨酸与蛋白质相互作用能增加蛋白质的可溶性和减少可溶性蛋白的沉淀，增强蛋白质的水合作用。

②甜菜碱。是植物的次生代谢生物碱代谢途径产物，是细胞质渗透物质。农作物在干旱和盐渍化的土壤中，细胞质内会累积

甜菜碱。与脯氨酸相比，植物体内的甜菜碱在干旱和盐渍的胁迫下积累具有一定的持久性。植物中甜菜碱主要有 12 种，其中甘氨酸甜菜碱是最简单也是最早被发现和被研究最多的一种。丙氨酸甜菜碱、脯氨酸甜菜碱也都是比较重要的甜菜碱(图 3-1)。

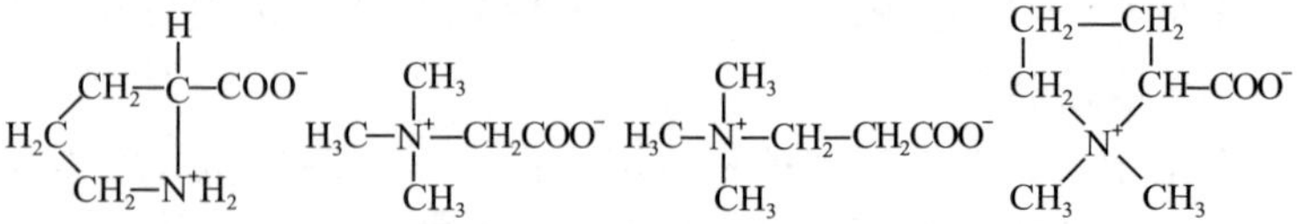

脯氨酸　甘氨酸甜菜碱　丙氨酸甜菜碱　脯氨酸甜菜碱

图 3-1　植物次生代谢经生物碱途径产生的脯氨酸和甜菜碱结构

③可溶性糖或称多元醇糖。是另一类渗透调节物质，包括蔗糖、葡萄糖、果糖、半乳糖等。比如低温下植物体内常常积累大量的可溶性糖。可溶性糖主要来源于淀粉等碳水化合物的分解。

④无机离子。在植物细胞内的液泡中的 K^+、Ca^{2+}、Mg^{2+}、Cl^-、SO_4^{2-}、NO_3^-，都不是植物的次生代谢产物，但这些无机离子在植物细胞中起到了离子平衡的作用，在植物抗逆防御中发挥作用。

二、抗自由基的酶促和非酶促防御

1. 自由基的产生及其对细胞膜的攻击

①逆境使生命体产生自由基。自然界中的生命体不断地产生自由基，这个反应是在细胞中发生的，像宇宙中的其他事物一样。这是因为细胞产生能量是一个生物氧化过程，此过程存在电子的传递，电子传递过程中有时会发生“电子逃逸”，逃逸电子通称为自由基。事实上，机体各个部位是以惊人的速度不断产生氧自由基。如果自由基不能被迅速捕获或清除，就会引起一系列反应，自由基会对细胞和组织造成损伤，进一步促进生物体的衰老。植物处于逆境时(强弱光、高低温等)，则形成自由基。

②自由基对细胞膜的攻击。自由基会破坏核酸结构，攻击核酸碱基，使嘌呤碱和嘧啶碱结构变化，导致遗传信息出现变异；DNA 是蛋白质合成的信息，由于自由基妨碍蛋白质合成；自由基使膜脂发生过氧化反应，使细胞区域化的膜系统受损。如果细胞中缺乏清除自由基的酶，机体就会受到各种损伤；活性氧会攻击蛋白质的氨基酸残基而形成羰基衍生物，还能引发磷脂的过氧化，造成膜系统的氧化损伤，这被称为氧化胁迫。植物在逆境胁迫下的衰老过程，缘于体内自由基积累超过伤害阈值，造成细胞生物膜的选择性透性（细胞生物膜具有选择性和通透性用以保护和控制细胞内外物质的进出）能力丧失，胞内物质外渗，生理紊乱、细胞受伤。逆境可造成植物细胞生物膜伤害（图 3-2）。

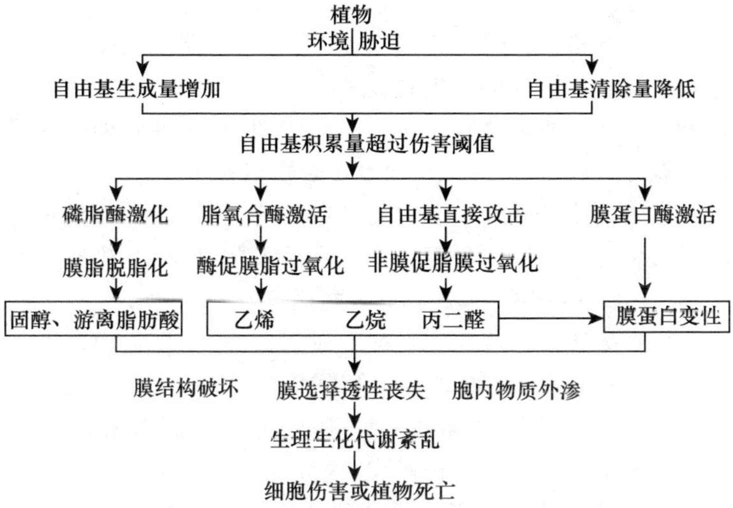

图 3-2　环境胁迫造成植物体内自由基对细胞膜的攻击

2. 植物的抗自由基的防御系统

植物在环境胁迫下，机体内每一个细胞时刻都在进行氧化与抗氧化的抗争。内有两种类型的防御系统都会同时启动，一种是酶促防御系统，另一种是非酶促防御系统，两类产物都能排出细胞内的自由基从而保护细胞膜。

①酶促防御系统。酶促反应发生在细胞内。主要产物包括：超氧化物歧化酶(SOD)、过氧化氢酶(CAT)、过氧化物酶(POD)、多酚氧化酶(PPO)、抗坏血酸过氧化物酶(APX)和谷胱甘肽还原酶(GR)等，都是植物体内重要的细胞保护酶。

超氧化物歧化酶(SOD) 当植物遇到寒冷、高光照、臭氧、高 CO_2、O_2、SO_2 增加等天气条件或者遭遇病原物侵染时，植物体内 SOD 就增加。当农作物遇到人造胁迫时也会增加。因此它被称为农作物抵御逆境的第一道防线。人们常常把 SOD 等的含量作为抗逆性能的生理指标。

过氧化氢酶(CAT) 逆境胁迫下，植物细胞内易产生 H_2O_2 破坏膜系统的稳定，而 CAT 能把 H_2O_2 分解为 H_2O 和 O_2，从而清除 H_2O_2 维护细胞的膜系统。研究表明，抗逆性强的品种有较高的过氧化氢酶活性，与抗逆性呈显著性相关。

过氧化物酶(POD) 参与光呼吸作用，将光合作用的副产物乙醇酸氧化为乙醛酸和过氧化氢。在萌发的种子中，进行脂肪的β-氧化，产生乙酰辅酶 A，进入三羧酸循环。

多酚氧化酶(PPO) 是一种金属蛋白酶，在植物中以儿茶酚酶为代表，PPO 一般是在植物受损伤后被活化，植物在抵御病原微生物的侵染过程中，酚类的一些酶和病原相关蛋白家族 PPO 通过催化木质素及醌类化合物形成，构成保护性屏障而使细胞免受病菌的侵害，也可以通过形成醌类物质直接发挥抗病作用。

抗坏血酸过氧化物酶(APX) 植物在光合作用中会释放大量氧气，氧过多会对植物造成过氧化伤害。APX 是植物以抗坏血酸为电子供体生成的一种过氧化物酶，是清除过氧化 H_2O_2 的关键酶，增强植物抵御氧化和耐逆能力。

②非酶促防御系统。非酶促反应也都发生在细胞中。主要产物：抗坏血酸维生素C、维生素E、类胡萝卜素、泛醌、甘露糖醇和谷胱甘肽(GSH)等，属小分子物质是非酶促防御系统中的重要抗氧化剂。还有多胺(内源激素)和类黄酮(酚类化合物)在一定程度上也有保护植物免受自由基伤害的作用。植物细胞膜在受到攻击时，细胞内酶促防御系统和非酶促防御系统同时被激活，使细胞内活性氧的产生和清除达到动态平衡。

泛醌　被称为辅酶Q10，一种脂溶性醌类化合物，集中在活细胞的线粒体内，可提高细胞的免疫力。花生等农作物中含量较高。

谷胱甘肽　是硫酸根还原同化途径中主要的含硫非蛋白终端产物。谷胱甘肽在植物体内参与一系列生理活动：信号转导、清除过氧化氢和其他活性氧化合物。

③所有的防御物质均产生于亚细胞器。植物细胞膜受到病原体攻击，会诱导活性氧产生信号物质，信号物质传递引起细胞的次生代谢。植物用次生代谢产物组成细胞的抗氧化防御系统，次生代谢产物参与清除植物体内的自由基并保护细胞膜的活动。植物的防御体系是建立在细胞膜上的，所产生的防御物质分为酶促类防御物质和非酶促类防御物质两种。植物的不同防御物质产生在不同的细胞器中。比如超氧化物歧化酶(SOD)会在细胞的质体、线粒体和过氧化物酶体等细胞质中产生。抗坏血酸过氧化物酶产生在细胞质、质体、质体膜中。β胡萝卜素产生在质体中。谷胱甘肽还原酶产生在细胞质、线粒体、质体中。维生素E产生在细胞膜(含质体膜)中(表3-1)。

植物细胞存在着各种膜系统(请查阅本书第六章扩展阅读部分)，在膜系统中线粒体、叶绿体、液泡膜与植物的抗寒、抗旱和抗盐等抗逆性方面都有密切关系，而质膜的稳定性与膜系统相比更重要，可以说是关键的关键。完整的细胞膜系统，是诸多反应有条不紊进行的保障。

表 3-1 植物产生防御物质的细胞定位

分类\项目	缩写	细胞定位
抗坏血酸过氧化物酶	APX-POD	细胞质、质体、质体膜
过氧化氢酶	CAT	细胞质、过氧化物酶
脱氢抗坏血酸还原酶	DHAR	细胞质、质体
谷胱甘肽还原酶	GR	细胞质、线粒体、质体
单脱氢抗坏血酸还原酶	MDHAR	质体
超氧化物歧化酶-1	Cu/ZnSOD	细胞质、过氧化物酶体、质体
超氧化物歧化酶-2	MnSOD	线粒体
超氧化物歧化酶-3	FeSOD	质体
抗坏血酸	维生素 C	质外体、细胞质、质体、液泡
β-胡萝卜素	—	质体
还原型谷胱甘肽	GSH	细胞质、线粒体、质体
多胺	$H_2N(CH_2)_4NH_2$	细胞质、线粒体、细胞核、质体
α-生育酚	维生素 E	细胞膜(含质体膜)
叶黄素	—	叶绿体
过氧化物酶	POD	内质网、高尔基体
多酚氧化酶	PPO	叶绿体、线粒体

三、逆境蛋白的应激指令作用

1. 逆境调节蛋白的应激

从分子水平研究看出，植物应对胁迫是一个涉及数百个基因的复杂过程。近期《科学》发表论文，指出某些蛋白质是植物应对干旱的“统领”，科学家找到了控制植物复杂应激反应的关键成分，为植物进一步适应干旱环境提供了线索。研究表明，在面对不利自然条件时，植物的一小部分蛋白会作为“指挥”，调控复杂的应激反应。一些关键的调节蛋白控制着植物应对干旱等外界胁迫条件的应激反应。通过定位这些调节蛋白与 DNA 的结合位点，科学家们确定了一些能够调节基因表达网络的关键蛋白，这些蛋白能高效引发细胞面对环境变化的应激反应。调节蛋白在植物应对干旱等胁迫过程中发挥着关键作用。

植物遇到高温、低温、干旱、病原菌、缺氧、过多紫外线等逆境，都能诱导形成新的蛋白质（或称为酶），统称为逆境蛋白，包括病程相关蛋白、热激蛋白、冷响应蛋白、耐盐相关蛋白等。这些逆境蛋白都与植物对抗逆境有重要关系。

2. 逆境蛋白的种类

①病程相关蛋白。病程相关蛋白是植物受到病原物侵染或非生物因子刺激后产生的一类水溶性蛋白。病程相关蛋白的代表——几丁质酶（是植物体内合成的一种具有生物催化活性的水解酶类，可增强杀虫效果、增强抗病性）。病程相关蛋白的主要功能，是攻击病原体，降解细胞壁大分子，降解病原物毒素，抑制病毒外壳蛋白与植物受体分子的结合等。病程相关蛋白还有过氧化氢酶、蛋白酶抑制剂、β-葡聚糖酶等。

②热激蛋白。是在植物处于比其最适宜生长的温度至少高出5℃的环境条件下产生的。热激蛋白又称热休克蛋白，是一种结构上高度保守的多肽，能够通过易化变性蛋白的修复，帮助新合成的多肽键的折叠与伸展，以及纠正多肽链的错误折叠等途径，使细胞的功能和结构得到恢复，具有“分子伴侣”的功能。

③冷响应蛋白。是植物暴露在寒冷中被诱导出的耐冻蛋白，也被称为低温诱导蛋白。

④耐盐相关蛋白。植物抗盐需要多种与之相关的蛋白参与，如渗透调节蛋白、脯氨酸合成酶、水通道蛋白、钾通道蛋白和跨膜

运输蛋白等。在盐胁迫条件下产生一种让植物更耐盐的特定蛋白称为纤维素合酶,对植物细胞的形态和稳定性具有重要的作用,可以辅助植物生长。

3. 逆境蛋白的特点和定位

逆境蛋白有两个特点,一个是“一因多效”的作用,一种刺激(逆境)可使植物产生多种逆境蛋白。另一个是“多因一效”的作用,即多种刺激可使植物产生同一种逆境蛋白。逆境使植物体内积累起来的功能蛋白,为植物建立起抵抗各种不利环境的最经济有效的逆境防御系统。逆境蛋白可在植物不同生长阶段或不同器官中产生,也可存在于愈伤组织之中。逆境蛋白在亚细胞器中的定位很复杂,多种病原相关蛋白可存在于细胞间隙、细胞壁、细胞膜、细胞核、细胞质及各种细胞器中。特别是细胞质膜上的逆境蛋白的种类丰富。

四、防御信号转导与交叉网络应答机制

科学家们最新的研究发现,外部环境因子和植物激素的作用都是通过细胞内的信号转导途径来实现的。细胞的信号转导途径包括信号接受、信号转导、诱导应答等步骤。胁迫信号使每一个细胞区室从正常的初生代谢转入到多种次生代谢防御途径,并激活新的防御性酶和防御基因,这一过程只需几分钟的时间。植物的防御反应受到多重信号诱导,并进行复杂而又高度局域化的调控。

1. 信使的信号转导

信号传递是指一系列的细胞信号转导体将接受到的刺激感应放大,并转换成可引起细胞代谢应答的化学形式。第一信使一般指的是各种逆境刺激,将质膜上的信号受体活化,使膜内侧细胞质内的钙离子活化。钙是很多胁迫反应的第二信使,钙在细胞信号

转导上占有中心位置。钙离子从一些细胞器中被释放，进而激活某种特定的化学反应；或者打开了质膜上的钙离子（Ca^{2+}）通道，让胞外的 Ca^{2+} 进入，这些 Ca^{2+} 便与特殊的钙调蛋白结合。Ca^{2+} 流动产生的流动电位，将 Ca^{2+} 的增加从一个细胞转到另外一个细胞，形成受信号转导控制的超细胞网络。在一系列级联反应中钙调蛋白复合物又激活第三信使脱落酸的应答，即脱落酸将信号转导出去，随后使叶片气孔在几分钟内关闭，避免了钾离子（K^+）的流失。植物每一个细胞的各个区室都参与防御（图 3-3）。

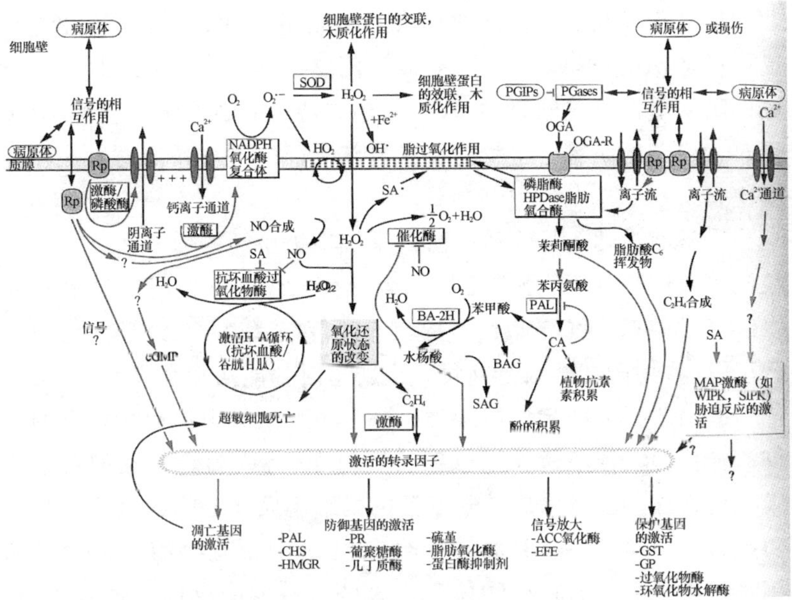

图 3-3　植物细胞膜受病原体攻击后防御系统的激活过程示意图

2. 超敏反应细胞度凋亡程序

植物在逆境中首先启动超敏反应细胞凋亡程序。当植物受到害虫攻击时，超敏细胞凋亡程序会使受伤部位表面形成坏死斑点，以阻止入侵害虫。在植物受到病原菌侵染时在相应部位形成枯斑，被侵染的细胞或组织坏死，使病原菌不适环境而死亡，这样病害就被局限于某个范围。植物在受到低温、干旱和盐渍等逆境胁迫时，下部叶片提前衰老死亡，一部分花和幼果脱落（自然疏花和疏果现象），禾谷类花序上一小部分小穗和小花的败育等，也是植物超敏细胞死亡程序自我调节的反应与适应，通过部分器官、组织和细胞的死亡，去保全整个植株的生存。

3. 防御的多重调控

信号途径和次生代谢之间存在着协同作用、对抗作用和正负反馈循环作用，形成了一个复杂的网络，紧密协调最终的防御反应。随着防御反应同时被激活的，还有特定的细胞防护机制，以加强对入侵者的防御。植物防御信号转导网络可与其他逆境途径交叉应答。

①被激活的信号物质。防御系统中被激活的信号物质与脱落酸同等级的，还包括合成乙烯的限速酶（ACC 氧化酶）、过氧化氢（H_2O_2）、一氧化氮（NO）、乙烯（ETH）和茉莉酸（JA）等大量信号分子，这些物质在植物受到每一次胁迫时都能从头合成。

②被激活的防御物质酶类。每个植物细胞中都存在重要的防御调控蛋白。逆境诱导形成新的蛋白质（或称为酶），它们对细胞膜有保护作用。植物体首先激活的是细胞质体上的超氧化物歧化酶（SOD）。接着谷胱甘肽转移酶（GST）、过氧化物酶（POD）被防御系统激活。此时在植物体受伤害的远端的防御因子也被激活，防御基因包括细胞质分泌出的几丁质酶（自然界唯一带正电荷活性基团的纤维素）、葡聚糖酶和植物抗毒素（植物能抵抗病害的物质）、酚类植保素和木质素合成的关键酶——苯丙氨酸解氨酶（PAL）、查尔酮合成酶（CHS）、内质网膜上的萜类合成酶（HMGR）、脂肪氧化酶（LOX）、蛋白酶抑制剂。这些关键酶进一

步合成生物碱、酚类化合物和萜烯类化合物，从而推动了植物整体防御系统的形成。

总之，有了上述四重防御机制的协同作用，植物就可以对抗病虫草害和逆境胁迫。

第二节　次生代谢抑制病虫草害

一、次生代谢的抗病害机理

植物病原体进化出一套特殊的方法来侵染植物，某些种类的病原体利用机械压力或酶解作用直接穿透植物表层；另外一些病原体从植物天然的孔隙，比如气孔或皮孔侵入；还有一些病原体只侵入植物已受损伤的组织。自然界真菌、细菌和病毒的致病方式不同。当植物受到任何病原菌侵扰，细胞都会产生抗病机制。

1. 植物启动次生代谢抵抗病害的机理

①启动细胞的超敏凋亡程序。有些病原真菌只能寄生在活的细胞里，在死细胞里不能生存。植物在与这类病原菌接触时发生超敏反应，在侵染部位细胞或组织坏死形成枯斑，使病原菌不适环境而死亡，这样病害就被局限于某个范围。

②病原菌侵染信号的传递过程。超敏反应产生一种信号分子沿着韧皮部传递到整株植物，此时植物的所有细胞都会从正常的初生代谢转入多种次生代谢途径。这时在细胞质膜两侧的离子流启动，让钙离子从钙库中释放，细胞内会产生大量的活性氧和过氧化氢（双氧水 H_2O_2），并使受害植株的非侵染位点也产生诱导抗性，即系统性的抗性，此过程只需要几分钟时间。

③产生 SOD 和木质素等局部防御机制。伴随着植物受损细

胞的氧化还原的变化，植物体首先激活先天的细胞保护机制，首先激活的是细胞质体的超氧化物歧化酶（SOD）和激化酶，同时产生木质素加厚细胞壁。其中的角质、木栓质、木质素、胼胝质（胼胝质是一种以 β-1，3 键结合的葡聚糖，是围绕每个筛孔的边缘积累的碳水化合物）和类黑色素等组成型高分子次生代谢物可充当病原菌侵入的物理障碍，木质化作用可以抵抗病原菌感染。这是植物的一种特殊防御反应，为阻止病原菌的进一步侵染提供了防护层。木质化增强了细胞抗溶酶的作用，同时增强了细胞壁抗真菌穿透的能力。真菌的菌类和毒素向寄主的扩散受到限制，而水和营养物质向真菌的扩散也受到了抑制。

④激活防御基因建立主动防御机制。在信号物质引导下，植物的防御基因，如水杨酸、乙烯和茉莉酸等物质被激活，促使 β-葡聚糖酶、几丁质酶、过氧化物酶和其他致病相关蛋白的形成。细胞壁中积累的富含羟脯氨酸的糖蛋白（也称为伸展蛋白）具有加强细胞壁的作用，植物受到病原菌侵染产生的几丁质酶是抗真菌病害物质，可抑制病原真菌的孢子萌发和菌丝生长，从而激活整个植物体内的防御基因，使整个植株表现出对生物胁迫的抗性反应。次生代谢产物单宁酸、多酚类低分子量组成型的次生代谢物可在病原菌侵入后起抗病作用。氧肟酸类化合物能够杀死入侵植物的细菌性病原体。黄酮类物质能杀死入侵植物体的真菌性病原体。萜烯类和类固醇化合物能杀死入侵植物体的各种细菌性、真菌性和各类病毒性病原体。这种获得性的抗性具有系统、持久、广谱的特点。

2. 植物防御物质(也被称为植保素)

第一个被分离鉴定的植保素是异黄酮豌豆素。不同的植物合成不同的植保素。豆科植物的植保素有豌豆素、大豆素等异黄酮类化合物（属于酚类）；茄科类的植保素有辣椒素、日齐素等属于倍半萜(属于萜类);十字花科的植保素主要是亚麻荠素,是一种含硫的吲哚生物碱(属于生物碱类)。植保素产生并积累在侵染点,可杀死或抑制病原物,抑制病斑扩大并抑制病原物在未侵染细胞中的扩展,植保素产生的速度和积累的量常常直接反映了植物抗病性的强弱。目前植保界的学者已分离出300多种植保素。

二、次生代谢的抗虫害机理

植物受到病虫侵染时诱发一系列防御反应。反应涉及大量防御相关基因的激活、离子通道的开放、蛋白质磷酸化状态的改变、酶前体的激活,同时还产生一系列信号物质,在时空上保证防御反应的协同性,从而迅速遏制病虫害。诱发防御机制有三个阶段的反应过程:直接反应——在受侵染部位的细胞及其近邻细胞中累积抗性物质,既限制或杀死病原,又破坏自身细胞结构,形成坏死斑。局部反应——在受侵染部位的细胞及其近邻细胞壁加厚度,产生信号分子激活植物防御基因表达。系统反应——防御反应诱导产生长途运输的信号物质,使感染区外的寄主组织或器官对病原产生抗性。

1. 植物利用次生代谢抵抗虫害的机理

①害虫入侵使植物产生细胞死亡的超敏反应。植物在昆虫或线虫攻击的几分钟之内,其局部防御反应被激活。几个小时内,在离攻击部位很远的组织甚至在邻近植物中防御反应也会同时被激活。最初的感染必须形成坏死斑点,或出现超敏反应的一部分,或者作为一种病症。

②害虫危害诱导植物的创伤性反应蛋白。当受到咀嚼性的食草昆虫进食时,会对植物组织造成机械创伤,并在整株植物中诱导快速积累蛋白酶抑制剂和其他系统性创伤反应蛋白质。植物组织受到机械创伤后会引发相同的分子与生化反应。尽管受损细胞壁

释放出的高浓度寡聚糖和半乳糖醛酸，可以在局部诱导蛋白酶抑制剂和系统性创伤反应蛋白基因的表达，它们并不会系统性地转移到整个植株。

③化感物质对害虫的抑制作用。植物的次生代谢是在受到害虫侵染的很短时间内启动，其产物能抵御害虫的生物碱含氮化合物、萜类和酚类物质，通过气味拒食或引起昆虫中毒。吲哚生物碱就能够杀蚜虫。当草食性昆虫取食植物时，植物中的生氰糖苷可毒杀昆虫。多酚类的花青素可以抑制植物病虫害，如单宁酸对苜蓿象甲虫，多酚对果园秋尺蛾有抑制作用。单宁类化合物对棉叶螨、棉蚜和棉铃虫有抑制其生长作用。木质素能阻碍昆虫消化。黄酮类的黄烷酮、槲皮素、黄烷醇和黄酮对纹棘胚小蠹有抑制生长作用。桑色素有抑制烟叶夜蛾生长的作用。槲皮素对棉红铃虫、玉米穗螟和烟叶夜蛾等，抑制其生长。萜烯类和甾类化合物能杀死各种害虫和线虫，如在黏虫幼虫取食诱导下，玉米释放芳樟醇等萜类次生代谢物，具有一定的抗虫作用。被烟叶夜蛾幼虫取食的烟草可合成并释放出特定次生代谢物，抑制烟叶夜蛾产卵。蜘蛛螨取食菜豆叶片，可诱导没被取食的叶片合成并释放罗勒烯等萜类次生代谢物，用以抵抗蜘蛛螨取食。

④植物通过释放化感物质吸引天敌。在食草昆虫取食诱导作用下的玉米、黄瓜等13个属作物的20个种中发现，通过异戊二烯及莽草酸等代谢途径合成的萜烯类次生代谢产物。这些次生代谢物具有挥发性，能够吸引寄生蜂等害虫的天敌。葡萄树中存在的芪类物质白藜芦醇是抵抗病毒的最重要物质之一。

2. 植物与微生物的共生关系有助于防御体系的建立

植物之间的信息传递是通过菌根（真菌和植物根系的共生体）的菌丝体来进行的，这种菌丝体非常细，非常长，可延伸数英里，形成植物之间的网络系统。当一个植物遭受了病虫害时，其他的植物通过这个网络系统很快就会得到消息，从而使它们提前做好防御的准备。有些植物不但分泌化学物质来抵抗病虫害，同时还吸引虫害的天敌来消灭害虫。科学研究表明，植物如果失去了这种网络系统，在病虫害到来时将无法抵抗，大片的植物会在短时间内全部遭到侵害。番茄一生可能会遇到上百种病害的侵扰(图 3-4)。

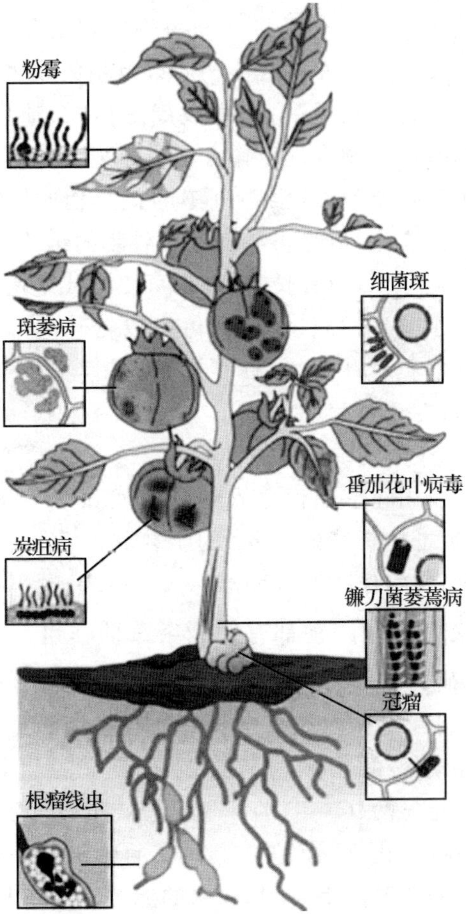

图 3-4　番茄一生可能会遇到上百种病害的侵扰

正如植保专家所说“治病不见病，见病治不了病；治虫不见虫，见虫治不了虫。”对植保而言，必须采取以防为主的策略。

三、次生代谢的抗杂草机理

1. 植物的化感物质抑制杂草

植物间的相生相克产生的化感物质抑制杂草，是指植物通过根系分泌、茎叶淋溶、挥发性气体物质以及植物残体的腐解等途径向周围环境释放化感物质，对本身或周围植物、动物、微生物产生化感作用，在除草、作物合理轮作方面有重要应用价值。细胞膜是化感物质作用的初始位点，根系分泌的化感物质影响到杂草细胞膜对离子吸收的变化，最终影响到其细胞膜的结构和功能，从而改变了杂草的生存环境，使其长势衰弱，可以替代施用除草剂。

香豆素属于酚类物质，在植物体内以糖苷的形式存在。游离的香豆素化感物质多具香气，具有挥发性，且不溶于水，当香豆素苷进入土壤后，在土壤酶的作用下，内脂环打开形成羧基，产生化感作用，有抑制杂草功能。

目前的农业用除草剂代替人们的田间除草劳作，使作物接受了“不需要产生抵抗杂草的物质”的生存状态，关闭了自身的次生代谢途径，从而使农作物抗性和产品风味变差。

2. 多种次生代谢产物都有抑制杂草的作用

1982 年，研究者们发现植物根系分泌物是次生代谢的化感物质，植物根系分泌物中对杂草生长呈抑制作用的主要是酚类化合物。植物根系分泌的化感物质抑制了杂草的超氧化物歧化酶(SOD)和过氧化氢酶(CAT)的活性，导致杂草体内的活性氧增多使其细胞膜质过氧化，从而破坏了杂草的膜结构。植物的化感物质还影响杂草的激素水平，使其体内的赤霉素和生长素水平降低，干扰了杂草的生长调节抑制其幼苗生长。植物体的多种酚类化感物质对杂草有抑制作用。

研究人员以高粱为例，提出高粱对杂草的抑制作用是生氰糖苷、丹宁、类黄酮、酚酸（包括阿魏酸、香草酸、香豆酸、丁香酸）与p-苯醌共同作用的结果，可以影响杂草的多种生理代谢活动。在小麦、水稻、玉米等作物的根系分泌物中也都检测到胡桃酸、香豆素、羟基肟酸等一些化感物质，对农田杂草都具有抑制作用。这些研究进一步证实了化感物质在植物与植物之间的作用，植物一些次生代谢物可通过分泌、挥发或淋溶作用进入环境，对周围其他植物（植株）产生相生或相克作用。

第三节　次生代谢与植物的抗逆性

逆境的非生物胁迫有干旱、盐渍（或盐碱）、低温、高温等。

一、次生代谢的抗旱机理

干旱、盐渍（或盐碱）和低温（冷害）是强烈限制作物产量的三大非生物因素，其中干旱造成的损失最大。干旱在诸多自然逆境中占首位，其危害程度相当于其他自然灾害之和。

1. 干旱胁迫对植物的伤害

干旱破坏细胞膜的透性使胞内物外渗，影响到细胞的结构和膜脂蛋白质的组成。干旱使膨压降低，细胞分裂减慢甚至停止，细胞生长受到抑制。干旱还同时造成水分按水势大小重新分配，以致老叶过早枯萎、脱落。植物体内水分分配抑制生长，严重时引起植株机械损伤导致植株死亡。干旱迫使植物关闭气孔减少 CO_2 的供应，影响到叶绿体的结构从而造成光合作用下降。干旱促进活性氧积累导致脂质过氧化。干旱伤害植物的机理——植株部分敏感器官萎蔫，因缺水导致植株内部组织、细胞等结构变化，致使膜结构和透性改变，代谢受阻、光合作用受抑制、呼吸作用削弱，蛋白质分解，核酸和激素代谢途径改变等。

2. 植物的抗旱物质和机理

①水分胁迫下积累渗透调节物质。植物体内产生的次生代谢产物有渗透调节功能。比如说，脱落酸、脯氨酸、甜菜碱，这些物质的抗干旱能力很强。干旱抑制植物生长使脱落酸（ABA）大量增加，根系合成的 ABA 作为信号物质，通过木质部的蒸腾作用到达植物的地上部分，调节地上部分的生理过程，实现植物对干旱胁迫的适应，使游离氨基酸和甜菜碱增多。

②植物的抗氧化酶系统。植物受到水分胁迫会产生活性氧，会启动膜脂过氧化反应，植物体内的抗氧化酶系统，即超氧化物歧化酶（SOD）、过氧化氢酶（CAT）、过氧化物酶（POD）等能有效清除活性氧，保证细胞正常生理功能，维持对干旱胁迫的抵抗。

③利用水的内聚力对抗干旱。在液态水中水分子之间氢键的存在时间很短（以 10^{-11} 秒计），所以在瞬息之间，每个水分子都与无数个其他的水分子相结合，彼此“黏合”在一起，这种内聚力比任何其他液体都强。水的内聚力对生命极其重要，例如参天大树，水分之所以能从地下深处的根中运送到叶片中，就是因为水有内聚力使之成为连绵不断的“水柱”被拉上去，水分子内聚力使水的表面张力极大，使水表面上好像覆盖了一层薄膜。水的内聚力可以对抗干旱。因此，适当的水分管理是提高植物抗旱能力的前提。

二、次生代谢的抗盐机理

盐害对植物的伤害表现，当土壤的含盐量达到 0.2%～0.5% 时，就不利于植物的生长，盐害对植物的伤害导致如下方面：

1. 盐胁迫对植物的伤害

①离子胁迫。土壤含盐量增加，土壤溶液水势不断降低，植物吸水能力降低，导致植物生理性干旱。植物细胞内许多酶只能在很窄的离子浓度范围内才具有活性，而生长在盐碱土中的植物由于土壤中过量的 Cl^- 渗入植物细胞内，使细胞原生质凝集、叶绿素破坏、蛋白质合成受到破坏、蛋白质水解作用加强，造成植物体内氨基酸积累，当积累到一定程度时，细胞就会中毒死亡。

②光合作用和呼吸作用下降。盐胁迫一方面使叶绿体中类囊体成分与超微结构发生变化，另一方面影响光能吸收和转换以及影响电子传递与碳同化，导致植物光合作用下降。土壤盐分浓度直接影响植物的呼吸作用，低盐促进呼吸，高盐抑制呼吸。

③蛋白质合成受阻。盐分过多使许多植物蛋白质合成受阻，而降解过程加快。其原因一方面是盐胁迫使得核酸分解大于合成，从而抑制蛋白质合成，另一方面高盐下氨基酸生物合成受阻，使有毒物质腐氨积累，从而对植物细胞造成伤害。

2. 植物抗盐胁迫的物质与机理

①盐分的区域化分隔处理。在盐胁迫下，阳离子过多摄入就导致细胞功能的进一步区域化。植物可将主要的盐分离子转移到液泡中，植物因渗透势降低而吸收水分，避免了过多的盐离子对代谢的伤害，这就是离子区域化。离子在液泡中的区域化主要是通过位于膜上的泵(离子泵是解释细胞质膜上的主动运输机制)、离子通道和离子载体实现离子的跨膜运输完成的。盐胁迫会改变代谢途径，植物的代谢途径会受到干扰而发生紊乱，而一些盐生植物能够通过改变自身的代谢来适应高盐分的生存环境。

②抗盐的渗透调节物质。盐胁迫激活抗逆系统，使植物细胞由初生代谢转向次生代谢，迅速积累起脯氨酸、甜菜碱、有机酸、可溶性碳水化合物、糖醇类等物质。这些有机小分子物质，除了能调

节细胞的渗透势外，还能稳定细胞质中酶的构象，使其不受盐碱离子的直接伤害。

③甜菜碱的抗盐作用更明显。甜菜碱在盐胁迫下能在植物细胞中迅速积累以维持细胞的渗透平衡，并对胞内的一些重要酶类起保护作用。干旱或盐碱胁迫下甜菜碱的积累更为明显。

④增加耐盐蛋白。植物除了产生脯氨酸等渗透物质外，还能产生渗透调节蛋白、脯氨酸合成酶、水通道蛋白和钾通道蛋白和跨膜运输蛋白等，这些逆境蛋白都与植物的耐盐性有直接关系。

⑤利用水的电离特性抗盐。植物体中的水分子可以电离成氢离子(H^+)和羟离子(OH^-)。植物体内有缓冲液，一般情况下可以抵抗 pH 的变化，即 pH 高时水电离产生 H^+，而当 pH 低时产生 OH^- 去中和 H^+，使带正电荷 H^+ 和带负电荷 OH^- 必须处于平衡。凡是产生 H^+ 的化合物是酸，产生 OH^- 的化合物就是碱。可以说，利用水的特殊作用可以增加植物的耐盐碱能力。

三、次生代谢的抗低温机理

1. 低温胁迫对植物的伤害

低温是影响植物正常生长的主要障碍因子之一。低温冷害是指零度以上对植物造成伤害或死亡的现象。当植物受到冷胁迫后，会发生一系列形态及生理生化方面的变化。细胞膜系统对植物抗冷性有影响，细胞膜的流动性和稳定性是细胞乃至整个植物体赖以生存的基础。低温使植物细胞膜由液晶态转成凝胶状态膜收缩。

2. 植物抗低温胁迫的物质和机理

①抗低温机理。大量研究证实，膜系统中脂肪酸的不饱和度或膜流动性与植物抗寒性密切相关。植物细胞膜的膜脂不饱和脂肪酸含量越高、不饱和度越高，抗寒性越强；膜流动性越强，植物物

态变化的相变温度越低,抗寒性越强。低温下,植物细胞内电解质外渗与否已成为鉴定植物耐冷性的一项重要指标。

种子经过低温训练后的细胞液浓缩,多余水分被分离出来排出体外,可避免细胞在低温下结冰(图 3-5)。植物抵御冻害途径主要有:避免细胞内冰晶的形成和阻止冰晶的生长;维持细胞膜结构稳定性和蛋白质核酸的生物活性。

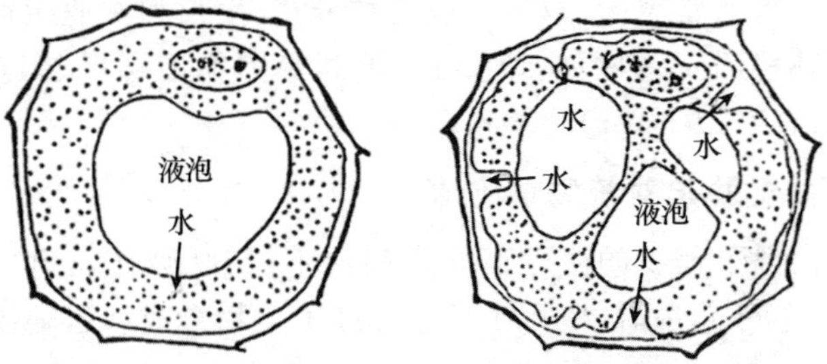

A.未经低温训练的细胞液　　B.经过低温训练的细胞液

图 3-5　冬小麦低温训练后细胞液浓缩可抵抗住低温冷害

注:A. 未经低温训练的细胞,水在途经细胞质时可能发生结冰。
B. 低温训练的细胞,水通过质膜内陷形成排水渠直接排出到细胞外。

②脯氨酸。植物在低温条件下脯氨酸积累,溶解度高,脯氨酸是植物抗冷保护物质。

③甜菜碱。甜菜碱是一种渗透调节物质,在细胞质内保持与液泡渗透平衡,在低温胁迫下维持酶的活性,保持低温胁迫下光系统的活性。

④逆境膜蛋白。低温诱导下植物体内新合成的蛋白质进入细胞质膜的膜结构中,低温下,质膜是防止细胞内结冰的屏障。因为质膜上的功能性蛋白(酶)的稳定性是植物抗逆的决定性因素。

⑤可溶性糖和微量元素硼。低温下植物体的渗透调节物质可增强持水力,使可溶性蛋白增加,可溶性蛋白是亲水胶体,明显增

强细胞的持水力，增加束缚水含量和原生质弹性。可溶性糖可以诱导耐冻蛋白合成。微量元素硼也参与抗寒，硼能与富含羟基的糖和糖醇络合形成硼酯化合物，增强植物的抗寒能力。

四、次生代谢的抗高温机理

高温是影响植物生理过程的重要因子，全球气候变化使得高温热害变得非常突出，成为限制植物分布、生长和农业生产力的一个主要环境因子。比如水生和阴生高等植物当温度超过 35℃ 就会受伤，45℃ 以上喜温植物也会受伤。

1. 高温胁迫对植物的伤害

①高温下作物的生理变化。高温下，与呼吸作用有关的酶钝化，发生不可逆失活，植物体被迫提高了生物合成和运输蛋白质周转速率，从而导致能量需求增加。温度升高到对植物造成胁迫时，气孔张开度减小，蒸腾作用随之减小，影响到植物对矿物质离子的运输和水分需求，植物生长速度明显减慢。

②受热害最重的是膜系统。因为细胞膜是联系植物细胞与外界环境的介质。高温对细胞膜的伤害，是改变细胞膜结构的一个重要胁迫因子。细胞膜系统是热损伤和抗热的中心，细胞膜的热稳定性反映了植物耐热能力，植物体内脂肪酸的高度饱和对提高膜的相变温度有利，高温加剧膜的过氧化作用，甚至会损伤植物细胞膜系统。保护细胞膜免受热损伤就是保护细胞。

2. 作物抗高温胁迫的物质与机理

①热激蛋白。当植物处于比其最适宜生长条件至少高 5℃ 的环境条件下，生物体大部分正常蛋白质的合成和 mRNA 的转录被抑制，同时迅速合成一些新的蛋白质称为热激蛋白，这种现象叫做热激反应。热激蛋白广泛存在于植物细胞膜、细胞质、叶绿体、线粒体等组织中。高温胁迫引起的膜脂过氧化中产生 O_2^-、H_2O_2，

热胁迫耐热性高的过氧化物酶(POD)出现先降后升现象,过氧化氢酶(CAT)活性提高,超氧化物歧化酶(SOD)活性是先提高后下降。抗坏血酸过氧化物酶(APX)的作用是清除 H_2O_2。

②脯氨酸。脯氨酸能通过酶来保护蛋白质,从而减弱了热冲击对蛋白质结构的破坏。还有乙烯、脱落酸、水杨酸和多胺等内源激素都产生适应热胁迫的生理反应。

③营养元素。营养与耐热性的关系较复杂。氮素增加植物细胞的含水量,氮素过多作物的耐热性减低。而二价阳离子如 Ca^{2+}、Mg^{2+}、Zn^{2+} 可增加分子间的结构联系,增强了热稳定性。增加矿物质可增强植物的耐热能力。

④利用水的高热容量缓解热应激。水分子之间的氢键使水能缓和温度的变化,加热时水的温度上升得慢,这是因为水分子间有氢键,热能必须先将氢键破坏温度才会上升。所以只要温度升几度,水就会吸收并储存很多能量。相反,当水冷却时,又会形成更多的氢键,这时就会有热量被释放出来,使冷却过程变慢。氢键也使水分不容易蒸发,水的沸点高达 100℃。这使地球上能保持着大量的液态水,利于生命的存在和发展。水分的蒸发也起冷却作用,可帮助植物抗击高温带来的伤害。

五、次生代谢的抗灾害性天气的机理

1. 植物在灾害性天气中受到的伤害

灾害性天气,是指对农业造成重大损失的天气。如大风、干热风、暴雨、冰雹、龙卷风、寒潮、霜冻、大雾等。可发生在不同季节,一般具有突发性。灾害性天气分一般、较重、严重和特别严重等类型。严重和特别严重的灾害性天气是无法抵御的。农业生产上采用适当措施,可以抵御一般性的灾害性天气。

2. 植物次生代谢对抗灾害性天气的机理

①植物抗灾害性天气的物质。植物在受到扰动时体内会产生脯氨酸和甜菜生物碱，是渗透调节物质，当这两种物质在植物体内有一定的积累时，遇到灾害性天气，植物体内的类胡萝卜素就会马上氧化分解生成15碳的倍半萜烯化合物脱落酸（ABA）。脱落酸（ABA）的产生还能进一步促进植物体内的脯氨酸、甜菜生物碱、可溶性糖、可溶性蛋白的积累。脱落酸、脯氨酸、甜菜生物碱三种次生代谢产物同时存在于植物体内时，植物才能抗住突然来临的灾害性天气（表3-2）。

表3-2　两个代谢途径的三种产物同时发挥作用时作物才能抗灾

<table>
<tr><th>名称</th><th>次生代谢途径</th><th>称谓</th><th>主要功能</th></tr>
<tr><td>脯氨酸和甜菜生物碱</td><td>氨基酸生物碱代谢途径</td><td rowspan="2">渗透调节物质</td><td rowspan="2">脯氨酸与甜菜生物碱、脱落酸一起共同抗击灾害性天气</td></tr>
<tr><td>脱落酸</td><td>异戊二烯焦磷酸酯途径</td></tr>
</table>

②作物生长早期的水分胁迫可提高抗灾能力。水是地球上生命存在和发展的主要环境。植物鲜重的70%～90%是水。在作物的生长过程中常常遇到各种天气灾害，作物面对灾害会做出细胞生理干旱的反应。如果注意在作物生长早期进行水分胁迫，就可提高作物对生理干旱的忍耐度。水分胁迫可开启植物的次生代谢。当灾害性天气到来之时，植物利用体内有限的水分和次生代谢积累的物质共同对付逆境，就能有效缓解灾害带来的伤害。

第四章　次生代谢产物中的品质物质

生态农业种植为作物提供全面营养，并在生长过程中采取营养胁迫的管理模式，可以让植物的次生代谢充分运转，农产品的品质物质、抗氧化物质、果实着色和风味物质会明显提高，优质农产品中所含的维生素和矿物质也会增加。

第一节　农产品品质与人类健康

一、化学农业引起健康问题的反思

1. 化学农业的过量使用严重影响农产品质量

人类在漫长的进化过程中，主要依靠渔猎采摘从大自然中获取食物，奠定了人类的遗传基因的基础。人类食物95%直接或间接地来自于土壤，一万多年前出现了农业，特别是近100年来的化学农业，很大程度上改变了人们的膳食结构，直接影响到人类的健康。

化学农业过度依赖化肥农药，由此产生对人类健康的影响。化学农业过分强调氮、磷、钾的投入，使得农田土壤中的矿物质处于耗竭状态，直接影响到农产品中的矿物质的含量。1988年美国国会军医报告“美国人口中前十大死因与退化性疾病有关，94%其死亡原因直接与矿物质和维生素缺乏所引发的退化性疾病有关”。据世界粮农组织(FAO)的统计,目前全球有20亿～30亿人处于隐性饥饿。一般来讲人类必需的营养素分为两大类:一类是宏量营养素(蛋白质、脂肪、碳水化合物);另一类是微量营养素(矿物质、维生素和抗氧化性物质)。微量营养素的缺乏在若干年内人体是不会有任何感觉的,因此会出现隐性饥饿。由此给我们一个信号,农业上只有生产优质农产品,其内含的营养物质才会高。

2. 国外农产品营养的跟踪调查

美国得克萨斯大学化学和生物化学系的唐纳德·戴维斯(Donald Davies)和他的研究小组跟踪研究了美国农业部从1950—1999年记录的43种园艺作物的13种营养成分和产量,去除了历史数据中的不确定成分,发现这些果蔬的蛋白质、钙、磷、铁、核黄素(维生素 B_2)和维生素C含量在过去的半个世纪“的确下滑”了(图4-1)。

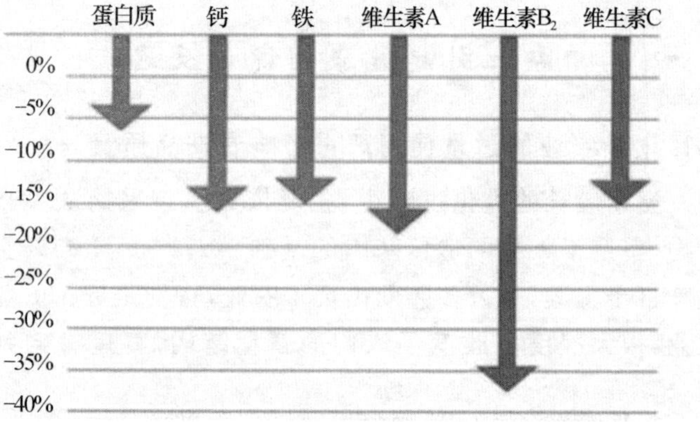

图4-1 1950—1999年食物营养素的损失量

摘自:2010年美国《健康》杂志,“健康与人类服务”部分

唐纳德·戴维斯(Donald Davies)说，农产品质量下滑的百分比依产品而不同。自1950年以来，胡萝卜的铁含量下降24%，茄子的维生素C含量下降44%，西兰花的钙含量减少了37%，以及冬瓜的核黄素含量已经大幅下降52% 。平均而言，Davies说，今天杂货店里蔬菜的矿物质与50年前相比下滑5%～40%。

若干年前英国的六百多位医生曾联合发表《医药约书》(*Medical Testament*)，阐明现代疾病起源于饮食与生活的不正常。约书起草人Picton医生著有《土壤与营养》一书。曾获得诺贝尔奖的史怀哲医生多年来从事于以食物营养治疗疾病包含对癌症的治疗。他的重要结论是，食物营养价值，取决于土壤以及农产品的运输、储存与加工等多个环节。

3. 我国主要人群膳食状况跟踪调查

中国疾病预防控制中心营养与健康所与美国北卡罗来纳大学人口中心合作项目，2015年发布的调查报告中显示，2000—2011年项目组跟踪中国辽宁、黑龙江、山东、河南、湖北、湖南、江苏、贵州、广西9省(区)，年龄在25～55岁的成年女性膳食营养素摄入变化趋势，调查14 515人次。从调查数据中摘录出的严重不达标的几项，如人体必需的维生素A、维生素B_1、维生素B_2、维生素C和矿物质钙、镁、硒，调查结果达标率不到一半，其中最低值是钙。调查结果指出，中国9省(区)成年女性膳食营养状况仍需改善，建议开展有针对性的营养教育，并实施有效干预(表4-1)。

表4-1　我国成年女性每日膳食营养素摄入量达标率统计　　%

微量营养素	每日膳食推荐量*	2000年	2004年	2006年	2009年	2011年
维生素A	700 μgRAE	26.9	25.9	25.7	27.2	25.2
维生素B_1	1.2 mg	24	23.5	23.7	17.9	10.7

续表 4-1

微量营养素	每日膳食推荐量*	2000 年	2004 年	2006 年	2009 年	2011 年
维生素 B_2	1.2 mg	6.9	7.6	7.4	6.6	6.9
维生素 C	100 mg	30.5	31	29.5	26.7	24.3
钙	800 mg	4.6	2.7	3.1	2.9	3.3
镁	330 mg	34.3	33.5	31.2	24.7	23.6
硒	60 mg	11.5	12.2	15.4	14.4	13.3

* 参照《中国居民膳食营养素参考摄入量速查手册》2013 年版

这一调查结果释放了一个重要信号，就是近几十年的化学农业只强调使用氮磷钾肥料，导致的农产品中缺钙的问题太普遍了，致使人们很难从膳食中获得钙（抽查多年平均值达标率才到 3.3%，是人体各种营养摄入量达标率最低的元素）。人体需要的天然元素有 25 种，除碳、氢、氧、氮（占人体需要元素总量的 96.3%）外其余的均是矿物质，人体所需矿物质中钙的需要量最高（占人体需要元素总量的 1.5%），世界卫生组织（WHO）公布人类目前有 450 种疾病与缺钙有直接的关系；在 135 种基础疾病中，有 106 种与缺钙有关。现代果蔬的营养“减价”让我们吃同样分量的食物，却没有我们祖先所吃的那么有营养了。中国学者说我们现在要吃 8 个苹果才有祖母辈吃一个苹果的营养（陈能场）。中国学者统计，现代食品精加工和烹饪过程造成巨大营养流失，如大米精加工能量损失 9%，铁元素损失 63%、钙 40%、磷 48%、灰分 58%、纤维 72%，维生素 B_1 损失 77%、维生素 B_2 损失 63%、维生素 B_6 损失 61%和赖氨酸损失 72%。

近年来我国由营养不良和环境恶化引发的慢性病呈井喷之势，2012 年卫生部等 15 部委共同推出的《中国慢性病防治规划》中指出，我国现有确诊慢性病患者 2.6 亿。2014 年统计，营养不良和环境恶化引起的慢性病死亡已经占到总死亡率的 87%，其中 81%归因于心血管疾病、癌症、呼吸道疾病和糖尿病这四种主要疾病。为延长患者的生命，国家和家庭都消耗了大量人力、财力和物力。据统计，我国因病返贫家庭所占百分比很高。

二、人体细胞的活力来自丰富的膳食营养

1. 食物是人体健康与细胞营养的来源

人用来维持生命的主要东西除了空气和水以外就是食物，也就是食物里面的营养给予了人的生命。营养是生命的源泉，从人的胚胎形成的一瞬间到人的生命结束，营养无时无刻不滋养着人的生命，这就是“营养与生命”。细胞是人体最小的生命单位，人体有 200 多种不同功能的细胞，人体细胞的总数是在 60 万～75 万亿。因此说给细胞充足的营养是让生命体对抗疾病的最佳途径。生命体的物质和能量传递顺序为，分子→细胞→组织→器官→系统→整个生命体。真正能让病患者自己康复的不是药物，药物的作用是阻断一两个代谢过程，其成分不是细胞修复时所需要的。而对营养物质而言，一旦给足够的时间和足够的量，如蛋白质、维生素、矿物质、脂肪等这些人体构成所需要的材料，患病的人体组织就会启动自我修复的过程。

2. 人体细胞受损后需要营养素来修复

科学家威廉姆斯（Williams）博士指出，生命体细胞因两种原因而死亡，一个是细胞得不到所需的营养；另一个是被环境中的有毒物质毒害了。

营养充足，通过细胞的不断“新陈代谢”和“自我修复”，受损的组织和器官就会被“软性置换”，产生出“新”的组织与器官。很多的疾病都有机会康复。

近年来医学界有学者研究，人类自身的修复细胞需要的时间，

各个器官细胞的寿命有很大差别，肠黏膜细胞的寿命为 3 天，胃细胞 7 天更新一次。血液红细胞的生命周期是 120 天，肝脏细胞 180 天更换一次；皮肤的新陈代谢周期是 4～6 个月。人身体大部分细胞组织经过 6 个月左右都会被更新，一年左右身体 98% 的细胞都会被更新一遍。但人体还有一些器官的新陈代谢周期较长，如肌肉的更新需要 2～3 年、筋的更新需要 3～5 年、骨骼的更新需要 7 年以上，而脑与骨髓里的神经细胞的修复需要几十年才能完成。

细胞功能障碍或称为亚健康，主要表现为：组织局部受损；出现溃疡或炎症；最严重的亚健康即器官功能衰退，出现诸如糖尿病、尿毒症、高血压、心脏病等慢性非传染性疾病。这些因细胞功能障碍而表现出的亚健康状态，其主要原因是营养不良。细胞功能障碍的三种状态都可以通过活化和修复细胞的方式来扭转或治愈，如果细胞的营养充足，就可以很好地预防各种疾病，细胞还具有原样修复的功能。

活化修复细胞具体做法如下，全面的营养素＋调理消化系统＋促进血液循环＝提高细胞活力。

第二节　人类必需营养来自优质农产品

一、人类对必需营养素的认知过程

1950 年营养学家将五类物质定为人类必需营养素。

1. 蛋白质

成年人优质蛋白质推荐摄入量为 1.16 克/(千克・天)，老年人为 1.27 克/(千克・天)。

2. 糖

碳水化合物。

3. 脂质

人体需要脂质中的亚油酸(ω-6)与亚麻酸(ω-3)的比例以(1～4)∶1为宜。反式脂肪酸不是人类必需的脂质。

(注:世界卫生组织WHO公布α-亚麻酸是人类普遍缺乏的,既不能人工合成也不能在人体中自行生成,只能通过外界补充,在人体内转化为DHA和EPA。)

4. 维生素

维生素含维生素A、B族维生素,以及维生素C、维生素D、维生素E、维生素H、维生素K、维生素P(表4-2)。

表4-2　优质农产品中的维生素对人体的作用

名称	功能	食物来源
维生素A	维生素A(脂溶性)维持正常视觉;具有抗氧化作用;在氧分压较低的条件下,能直接清除自由基,有助于控制细胞膜和富含脂质组织的脂质过氧化。缺之时易患视力下降、干眼、眼涩等	植物来源的β胡萝卜素及其他胡萝卜素,可在人体内合成维生素A。在胡萝卜、油菜、辣椒、番茄和柑橘类中富含胡萝卜素
维生素D	维生素D(脂溶性)调节钙磷代谢和维持正常血钙水平,组织细胞分化、免疫调节。即骨化醇,缺乏者易患佝偻病、龋齿、头部多汗,成人容易骨质疏松,对儿童的生长发育有一定影响。缺乏维生素D还会影响人体对钙的吸收	脂肪高的海鱼和鱼卵、动物肝脏、蛋黄、奶油和奶酪中相对较多,而瘦肉、奶、坚果中含微量,而蔬菜、谷物和水果含量少

续表 4-2

名称	功能	食物来源
维生素 B_1	维生素 B_1(水溶性)又名硫胺素。缺乏者易得脚气病。B族维生素之间有协同作用,如果比例不合适是无效的。维生素 B_1、维生素 B_2 和维生素 B_6 的比例应该是 1∶1∶1。多余的不会储存在人体内,所以必须每天补充	米糠、麦麸、燕麦、花生、番茄、茄子、小白菜、猪肉、牛奶
维生素 B_2	维生素 B_2(水溶性)又名核黄素,其体内氧化还原酶,主要起氢传递体的作用。缺乏者易引起口腔炎和皮炎等	肝、蛋、奶、鱼和绿叶蔬菜
维生素 B_3	维生素 B_3 又名烟酸或尼克酸,维持消化系统健康和生成性激素。缺乏它易得糙皮病。人体需要量最大的是B族维生素	米糠、麦麸、绿豆、芝麻、花生、香菇、紫菜、无花果、肝、蛋、奶、鱼、瘦肉
维生素 B_5	维生素 B_5 又名泛烟酸,维护头发、皮肤和血液健康。缺乏者易患低血糖症和十二指肠溃疡等	几乎所有食物中都有
维生素 B_6	维生素 B_6(水溶性),具有维持人体神经、消化、心脏的正常运转的作用。缺乏者易患贫血症、脂溢性皮炎、中枢神经亢进等	米糠、麦麸、大豆、甘蓝、燕麦、花生、核桃、肝、蛋
维生素 B_{11}	维生素 B_{11} 又名叶酸,辅酶形式是四氢叶酸。叶酸缺乏可导致孕妇的巨幼红细胞贫血。缺乏者易失眠、健忘、躁动不安等	胡萝卜、南瓜、土豆、香蕉、辣椒、肝、蛋、鱼
维生素 B_{12}	维生素 B_{12}(水溶性)又名钴胺素,缺乏可导致巨幼红细胞贫血,易患恶性贫血、记忆力减退、头疼、痴呆等	南瓜、紫菜、蛋、奶、鱼、瘦肉

续表 4-2

名称	功能	食物来源
维生素 C	维生素 C(水溶性)增强人体免疫力。缺乏者易患坏血病、血管易破裂出血,出现创口,溃疡不易愈合,骨骼和牙齿疏松,皮下黏膜肌肉出血等	优质的蔬菜、水果中,橙子、橘子、山楂、黄瓜、白萝卜
维生素 E	维生素 E 又名生育酚,可延缓衰老,缺乏者易四肢乏力、出汗、皮肤干燥、头发分叉、痛经等	芝麻、核桃仁、莴苣、大豆、花生、核桃、瓜子、玉米、蔬菜、瘦肉、乳类、蛋类、动物肝、蛋黄
维生素 H	维生素 H 又名生物素,缺乏者易脱发、少白头、抑郁等	米糠、麦麸、草莓、柚子、葡萄、奶、蛋、瘦肉
维生素 K	维生素 K(脂溶性)又名止血维生素,促凝血作用。缺乏者易出现凝血障碍等	深绿蔬菜、海藻、酸奶、植物油、鱼肝油
维生素 P	维生素 P 又名芦丁,缺乏者毛细血管脆弱	柑橘、杏、枣、樱桃、茄子、荞麦、茶叶

5. 矿物质

人体必需的元素有 25 种,除了碳、氢、氧、氮外,绝大多数都是矿物质元素,如钾、钠、钙、镁、磷、硫、铜、铁、锌、锰、钼、硒、碘、铬、钴、硼、锡、钒,及化合物中的氟和氯等(表 4-3)。

表 4-3　优质农产品中矿物质对人体的作用

	功能	食物来源
钾	人体的能量代谢靠的是钠—钾泵,缺钾易导致低血糖和浮肿	柑橘、香蕉、香瓜、番茄、土豆、芹菜等含钾较多

续表 4-3

	功能	食物来源
钙	钙是人体内含量最多的矿物质。是维持身体酸碱平衡的主要原料。缺钙易患佝偻病、骨质疏松等	优质奶、豆类、花生、甘蓝、核桃、向日葵中含钙多。甘薯、蔬菜和瓜果中的钙易被人体吸收
磷	磷是人体中基因的组成元素，与钙一起构造骨骼和牙齿	各种食物中都有磷
镁	镁参与钙、磷、钠、钾、维生素 C 的代谢，维持骨质密度、神经和肌肉正常运作和血糖转化。缺镁易导致神经过敏、心悸、肢体颤抖，会增加心脏病患者的死亡率	绿叶蔬菜、香蕉、无花果、杏仁中含镁较多
硫	硫构成多种氨基酸、辅酶 A、维生素 B_1	洋葱、葱、姜、蒜、萝卜、甘蓝、奶、蛋、肉含硫多
氯	氯与钾一起作用形成化合物，维持血液的酸碱平衡、水分平衡和心律正常，氯摄入过量易导致人患高血压	橄榄、茶、海带以及食用盐
钠	人体的能量代谢靠的是钠一钾泵，缺钠导致神经痛。人体缺钠易感到头晕、乏力，长时间缺钠易患心脏病	胡萝卜、海产品以及食用盐
铁	铁是氧气的载体、制造血红素的主要物质。目前在育龄女性中有50％患有缺铁性贫血。摄入过量易导致人体出现呕吐、心衰	桃、菠菜、燕麦、芦笋、坚果、肝、瘦肉、贝类、蜂蜜
铜	铜帮助铁传递蛋白，制造血红素。缺铜易导致人体的贫血、浮肿、患风湿性关节炎。摄入过量会导致人患肝硬化	麦麸、豆类、花生、草菇、橄榄、蜂蜜、贝类、虾、蟹

续表 4-3

	功能	食物来源
碘	碘在甲状腺中,缺碘易引起心智反应迟钝,身体发胖	海带、洋葱
锌	锌与酶系统关系密切,缺锌易导致人体的前列腺肥大、性功能减退、动脉硬化、贫血等	南瓜子、栗子、芝麻、芥末、肝、奶、蛋、肉
硒	硒是抗氧化剂,防止衰老,活化免疫系统。摄入过量易导致人的指甲变厚、毛发脱落	麦麸、洋葱、番茄、西蓝花、芹菜、草菇
氟	氟促进牙齿珐琅质对细菌的抵抗。过量易导致氟斑牙,缺氟易导致龋齿、骨质疏松	苹果、茶叶、鱼、奶、蛋
锰	维持正常的糖代谢和脂肪代谢,对抗自由基,抗衰老。维系骨骼及结缔组织,预防骨质疏松症。增强记忆力,促进脑功能。消除疲劳	菠菜、豌豆、莴笋、花生、栗子、菠萝、燕麦、咖啡、姜、茶
钼	钼是酶的组成部分,参与形成尿酸。缺钼易导致心悸、呼吸急促、躁动不安	豌豆、绿豆、扁豆、动物内脏
铬	铬是血糖调节剂之一,缺铬易导致人体发育不良和周围神经炎	粗粮、鲜果、奶、蛋、肉
钴	维生素 B_{12} 的组成部分,缺钴易导致人体贫血、甲状腺异常	荞麦、甜菜、洋葱、核桃、红薯、奶、牡蛎
硼	预防骨质疏松、提高睾丸甾酮分泌量、改善脑功能、提高反应能力。缺硼易导致人体发育缓慢	大豆、葡萄、花生、榛子、枣、杏仁、蜂蜜中含硼较多

续表 4-3

	功能	食物来源
锡	锡有清热解毒、抑制癌细胞的作用	黑麦、玉米、蘑菇、甜菜、甘蓝、咖啡
钒	钒与骨骼和牙齿的正常发育及钙化有关，能增强人对龋齿的抵抗力	红薯、马铃薯、山药、花生、芋头、胡萝卜、芥菜、竹笋、藕、荸荠、百合、芦笋、包心菜、苋菜、生菜、芹菜、茴香、香菜、韭菜、菜花、黄瓜、栗子

6. 膳食纤维

1971 年英国医师 Bachint 提出食物纤维摄取量减少会提高大肠癌罹患率，于是，膳食纤维被确认为第六大营养素。

7. 水

水是人体需要营养素的载体，按照中国营养学界的分类被认定为第七大营养素。人们认为，在营养学范围内人类所必需的七大营养素都已被发现。

8. 抗氧化性物质

1980 年植物学与药理学的学者们发现，植物中还有对人体具有重要作用的与维生素和矿物质不同的物质成分，即植物次生代谢产物，它们是在逆境中由初生代谢产物衍生出的抗氧化物质，这些物质包括生物碱类、酚类（含多酚和芪类）、类黄酮类、萜烯类和甾类物质等，可提高人体免疫力和各种抗病能力。1994 年美国的新闻周刊载文指出，植物的次生代谢产物是超越维生素、矿物质的物质，是防癌王牌，当这些物质进入人体后，能够发挥抗氧化力，保护细胞免受自由基之害。这些物质不仅能够防癌，同时也能够有效地预防动脉硬化、心肌梗死、脑中风、血管障碍等生活习惯病以及防止老化。可以说植物很多次生代谢产物与人类的抗生素作用类同，但比抗生素应用范围更广，被确认为“人类必需第八大营养素”。

二、次生代谢产物中富含第八大营养素

1.人类需要的第八大营养素来自农作物的次生代谢

作物的初生代谢产物形成农产品的一些基础营养，如蛋白质、脂肪、碳水化合物、矿物质、维生素和膳食纤维等，次生代谢才能产生农产品的品质风味和免疫功能物质，植物的次生代谢产物中含有对人类健康有巨大影响的具有生理活性的物质，被现代科学家称为是活化细胞的营养素。用高级营养素来矫正细胞缺陷的医学，是应用中医“扶正驱邪”理论的现代健康高明营养术。下面分述能增加人体抗氧化能力和抗现代慢性非传染性疾病的几大类代谢产物的作用。只有在生态有机种植技术中才能生产出优质农产品，优质农产品中含有人体健康必需的第八大营养素（图 4-2）。

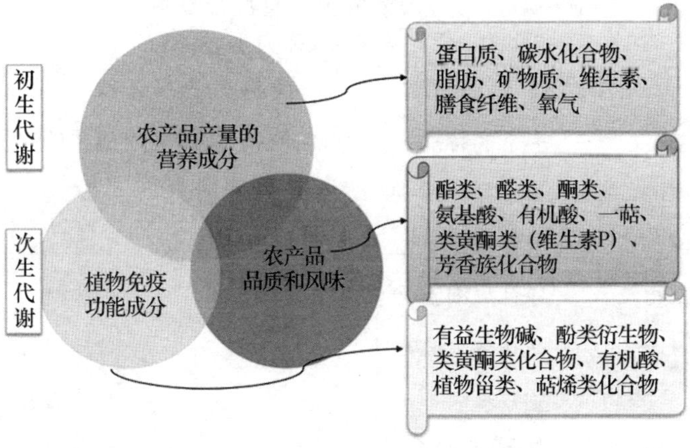

图 4-2　人类需要的营养素来自作物的初生代谢和次生代谢

按照次生代谢主要途径，分述其产物对人体的作用和食物来源。

2. 生物碱

含生物碱的植物是人类最早为健康而利用的草药，许多中草药有效成分往往是生物碱，是现代药物的关键活性官能团。

吲哚生物碱具有杀死癌细胞和抗疟疾的作用；麻黄有平喘作用，其有效成分是麻黄碱；黄连有抗菌效果，其有效成分是小蘖碱；元胡有止痛作用，其有效成分是延胡索酸乙素。

中草药的有效成分还含有非蛋白氨基酸，银杏种子中的组氨酸，紫苏叶中的精氨酸，枸杞叶中含甘氨酸，三七中的止血成分 β 氨基丙酸，薏米仁籽中含有亮氨酸、赖氨酸、精氨酸、酪氨酸等（表 4-4）。

表 4-4　优质农作物和中草药中生物碱类物质对人体的作用

名称	功能	植物名称
甘氨酸	是内源性抗氧化剂，是还原性谷胱甘肽的组成，人体发生严重应激反应时，常需要外源补充，称为半必需氨基酸	枸杞叶片
组氨酸	是人类特别是儿童必需的氨基酸	银杏种子
延胡索酸乙素	有止痛作用	元胡
麻黄碱	有平喘作用	麻黄
吲哚生物碱	杀死癌细胞、抗疟疾	板蓝根
小蘖碱	抗菌效果显著	黄连
奎宁	治疗疟疾	金鸡纳树
长春新碱	属抗癌药物	长春花

西药中有从金鸡纳树皮分离出来的奎宁；在抗癌药物中有从长春花分离出来的长春新碱，有从粗榧分离出来的三尖杉酯碱。

3. 类黄酮

类黄酮是酚类化合物的一大类，也称维生素 P 或黄硷素类物质，它的家族成员复杂且生理机能各有不同，但所具备的共同点是具有抗氧化的能力，能调节微血管的穿透能力。当人体内缺乏类黄酮类时，会出现对称性斑病、免疫力下降。类黄酮类化合物可杀死人体内感染的真菌。类黄酮是人类饮食中可摄入的含量丰富的多酚类化合物，广泛存在于柠檬、橘子、葡萄柚、苹果、樱桃、葡萄、蓝莓、蔓越莓等水果中以及青椒、花椰菜、番茄、洋葱等蔬菜中。花卉、谷物中的黄豆、根茎类作物、饮品中的茶和红葡萄酒等也含有丰富成分。每种植物富含的类黄酮种类也不一样，如蓝莓、草莓、茄子等富含花青素，茶叶、紫葡萄、红酒等富含儿茶素，柑橘则以橘皮苷等黄烷酮类的类黄酮为主，黄豆则是富含异黄酮的代表(表 4 5)。

表 4-5　优质农产品中的类黄酮类化合物对人体的作用

名称	功能	食物来源
黄酮醇(槲皮素)	人体缺乏黄酮类物质会出现对称性斑病、免疫力下降。抑制真菌、抗炎。调节血液循环	红洋葱、黄洋葱、芒果、荞麦、苹果、甘蓝、菠菜
黄酮类(黄硷素)	西芹中芹菜素有镇静作用，紫苏中的榉草素抗过敏	甜椒、芹菜、紫苏
黄烷酮(橙皮苷、柚皮苷、柚苷素)	黄烷酮类是柑橘类特有成分，能强化毛细血管的机能，抑制释放组织胺、舒缓过敏症状	柑橘类

续表 4-5

名称	功能	食物来源
黄烷醇（儿茶素）	强效杀幽门螺旋杆菌，抗病毒，抗感冒，抗氧化保护细胞膜，预防动脉硬化和心脏病，防蛀牙	绿茶含量高、红茶含量减半
花青素	抗氧化保眼、保肝功能。强有力的抗氧化剂，能够保护人体免受自由基的有害物质的损伤，增强血管弹性，改善循环系统和增进皮肤的光滑度，抑制炎症和过敏，改善关节的柔韧性	紫甘蓝、茄子、蓝莓、草莓、樱桃、红葡萄、黑豆、紫山药
鞣花酸（原花青素）	超强抗氧化剂，清除人体内致癌毒素，提高人体的免疫力。护肤、抗衰老、消除自由基，降低毛细血管脆性保持毛细血管适当的通透性	广泛存在于各种软果（比如葡萄）、坚果之中
异黄酮（黄豆苷原）	有类似女性动情激素功能，能疏解更年期不适及预防骨质疏松症等，有抗乳癌的效果，预防老年痴呆症	豆类食品

4. 酚类

酚类也称多酚。多酚的种类很多、结构不尽相同，其生物利用率、抗氧化性及对人体的影响也有差异。多酚类物质的共同特点是具有强大的抗氧化作用，能够去除自由基，预防癌症或抗老化。效果比维生素 C 或维生素 E 大数十倍以上，不论是在细胞内、细胞间或细胞膜上都能够发挥全能的作用。依其结构可以大概分类为芪类（主要是白藜芦醇）、酚酸、木酚素。

每一种多酚都有其独特的药效，如茶多酚、红酒多酚、葡萄籽多酚、蔓越莓多酚、苹果多酚、橄榄多酚、黑醋栗多酚、石榴多酚、蓝莓多酚、芭乐多酚、柑橘多酚、黑豆多酚、巧克力多酚、亚麻籽多酚、绿花椰菜多酚、红花苜蓿多酚等。近年来人们用多酚类食品对抗衰老、防癌、美肤以及进行纤体保健等，成为流行的新趋势。

①白藜芦醇（芪类）。近年来受到科学界瞩目的白藜芦醇是芪类物质。芪类是酚类化合物中最出类拔萃的一种，芪或称二苯乙烯，化学名称为芪三酚。自古我们的先民所选择的蔬果类、坚果类以及中草药都含有对身体有食疗作用的成分，现代研究表明其主要成分是白藜芦醇。1997 年美国芝加哥伊利诺伊大学药学院 John Pezzuto 教授领导的研究小组在美国《科学》杂志上发表文章《葡萄的天然产物白藜芦醇的抗癌活性》。随后国际知名学术刊物中跟进的论文达 6 000 多篇，指出植物次生代谢产物（天然产物）不仅能防癌，同时也能有效预防动脉硬化、心肌梗死、脑中风、血管障碍等疾病，以及防止老化。白藜芦醇通过调控谷胱甘肽的氧化还原平衡来抑制人体内的恶性肿瘤，被证实具有抗老化和活化细胞的有效成分，科学家们对白藜芦醇功效远胜冬虫夏草、灵芝的神奇功效充满好奇。葡萄果实表皮和籽粒中的白藜芦醇具有抗肿瘤、抗氧化和预防心血管疾病等功效。多国的科研机构证实，白藜芦醇是 21 世纪最具抗老化和抗氧化能力的有效成分。白藜芦醇以糖苷的形式存在，有抗菌、抗病毒、预防癌症的作用，可预防由糖尿病引发的视网膜病变，对于类风湿性关节炎、动脉硬化、骨质疏松等疾病有缓解作用（表 4-6）。

表 4-6　优质农产品中的白藜芦醇对人体的作用

名称	功能	食物来源
白藜芦醇	以糖苷的形式存在，抗菌、抗病毒、预防癌症与类风湿性关节炎、糖尿病并发的视网膜病变、动脉硬化、减少骨质疏松促进软骨形成	花生、葡萄、核桃、桑葚、芦荟、开心果、橄榄、蓝莓、覆盆子、枣、梅子、百合、绿茶、凤梨、大豆、越橘、蔓越莓，中草药中的虎杖

备注：近年来白藜芦醇被医疗界确认对疾病的治疗效果很广泛。

1)抗菌，抑制金黄色葡萄球菌、卡他球菌、绿脓杆菌、红色发癣菌、发疮小芽孢癣菌、甲型或乙型链球菌、大肠杆菌等。2)抗病毒，抑制流感亚洲甲型京科 68-1 病毒、孤儿病毒。3)抑制疱疹病毒、柯萨奇病毒、T 淋巴细胞病毒、爱滋病毒。4)诱导锟还原酶作用及 Phase2 解毒基因系统，解毒与排毒。5)促进血管舒张活性，生成一氧化氮。6)预防心脏病，抑制血块形成与协助胆固醇新陈代谢。7)抑制血小板凝结和血清素的分泌。8)是新型的心血管保护剂，并预防血液循环不良、静脉曲张。9)防止低密度脂蛋白氧化，并防止慢性缺血。10)减少心肌梗死和缺血再灌注造成的伤害。防止动脉粥样硬化，预防冠心病发生。11)预防癌症与类风湿性关节炎、糖尿病引发的视网我膜病变、动脉硬化等。12)限制卡路里摄取，帮助瘦身减重。13)活化 AMPK 蛋白激酶，提高身体对胰岛素的敏感性，调节降低糖尿病血糖浓度，具有减肥功效。14)是新型的植物性雌激素，可作为更年期妇女补充雌激素的安全替代品，可延缓女性更年期，妇女绝经前后调节内分泌功能。15)保护眼睛防治眼疾。16)降低血液中的低密度脂蛋白胆固醇及三酸甘油脂。17)保护脑部神经系统，预防痴呆症、帕金森病、脑中风、癫痫与休克等神经退化性疾病，调节滋养神经元干细胞。18)诱导分化耳蜗干细胞，帮助耳聋病患恢复。19)活化神经元干细胞，对脊髓起保护作用。20)治疗静脉曲张、痔疮，淡除皮肤瘢痕。促进皮瓣成活。21)抗自由基，预防自由基所造成的身体灾害。22)抗紫外线，保护皮肤。23)延缓人类衰老、抗老化、拮抗肥胖基因 PPARγ 变异，达到基因治疗的治本的功效。24)改善体内粒线体功能，活化 PGC—Iα 对抗细胞代谢性疾病，活化与修护骨髓干细胞。25)抗炎症，抑制长期炎症引起的肿瘤产生。26)抑制酪胺酸酶活性，减少皮肤中的黑色素形成，帮助美白。27)帮助皮肤再生，减少肤斑与皱纹，滋养毛囊细胞。28)抑制恶性肿瘤细胞的生长。对肿瘤发生的各个时期都有效，较确定的有，皮肤癌、乳癌、前列腺癌、胃癌、大肠癌、肝癌、肺癌、头颈癌、鼻咽癌、子宫颈癌、淋巴癌、骨髓癌、复杂性骨髓癌、胰腺癌、甲状腺癌、黑色素癌、卵巢癌、肾细胞癌等。29)抗过敏。提高人体对慢性支气管炎、肺气肿的抵抗力。30)有助于稳定情绪、安眠、抗抑郁。31)与 PPARs 活化剂、化疗药物、花青素、吲哚、绿茶素、槲皮素、葡聚糖、大蒜油等联合应用，具有功能性加乘作用。

②木酚素。木酚素也是酚类物质的一大类。主要代表亚麻木酚素存在于亚麻籽中，亚麻籽中除了含有ω-3 脂肪酸外还富含木酚素，另外在玉米、豆类、芝麻、南瓜子、葵花子、蔓越莓、苹果、樱桃、洋葱、胡萝卜中含有(表 4-7)。木酚素有抑制糖尿病、胃肠肿瘤、冠心病、肾脏病的作用，具有抗氧化作用。木酚素在肠内被有益菌转化成可抗癌的化合物，具有潜在防癌的效果。

表 4-7　优质农产品中的木酚素对人体的作用

名称	功能	食物来源
木酚素	在肠内被有益菌转化成可抗癌的化合物。减轻发炎症状。改善血脂的异常现象，以降低心脏病患病率	玉米、豆类、亚麻籽、芝麻、南瓜子、葵花子、蔓越莓、苹果、樱桃、洋葱、胡萝卜

③酚类中含有人体必需氨基酸。酚类化合物中有 3 种是人体不能合成的氨基酸，如苯丙氨酸、酪氨酸和色氨酸，必须从食物中补充(表 4-8)。

表 4-8　优质农产品中的酚类物质含人体必需氨基酸

名称	功能	食物来源
苯丙氨酸	人体缺乏苯丙氨酸时，可影响体内酪氨酸合成而导致甲状腺素水平降低，影响其代谢活动。在体内与酪氨酸一起合成重要的神经递质和激素	花生、大豆、稻米、燕麦、胡萝卜、甜菜、菠菜、西芹、番茄、菠萝、苹果
酪氨酸	可抑制脊髓灰质炎、脑炎、甲状腺机能亢进等疾病。是生酮生糖的氨基酸	发酵食品、番茄、蚕豆、扁豆、菠萝、香蕉、无花果、茶叶、酸菜

续表 4-8

名称	功能	食物来源
色氨酸	人体缺乏色氨酸时，生长停滞，体重下降，不仅会引起一般的低蛋白症，还会产生皮肤疾患、白内障、玻璃体退化及心肌纤维化等特殊病症	大豆、小麦、稻米、胡萝卜、甜菜、芹菜、莴苣、茴香、甘蓝、香葱、菠菜

④酚酸。酚酸属于酚类物质，是一类含有酚环的有机酸，可杀菌，饮用可使人醒脑提神，美白肌肤，清热解火，滋阴养颜，减轻疲劳。该物质具有抗氧化力和降低心血管危险因子的能力。常见的酚酸类物质有咖啡酸、阿魏酸、没食子酸、水杨酸，富含在咖啡豆、覆盆子、莓类、姜、香草类等植物和果实中(表 4-9)。

表 4-9 优质农产品中的酚酸物质对人体的作用

名称	功能	食物来源
咖啡酸、阿魏酸、没食子酸、水杨酸、	具有抗氧化力及降低心血管危险因子能力	咖啡豆、覆盆子、草莓、姜、香草

5. 萜类

①单环倍半萜中的青蒿素。是从植物黄花蒿茎叶中提取的有过氧基团的倍半萜。青蒿素对疟疾的作用是改变疟原虫膜系的结构，阻断了其营养摄取的途径，使之出现氨基酸饥饿，形成自噬泡排出虫体外，使疟原虫损失大量胞浆而死亡，可治愈疟疾。

②三萜的皂苷。三七中的皂苷有活血祛瘀通脉活络作用，抑制血小板聚集和增加脑血流量、提高免疫功能；人参皂苷有抗癌功效。

③四萜的类胡萝卜素。是萜类化合物中的四萜衍生物，也是维生素 A 的主要来源，类胡萝卜素有两类物质，一类是胡萝卜素

和番茄红素;另一类是叶黄素(有羟基、酮基、羧基、甲氧基等含氧官能团)。胡萝卜素、叶黄素、番茄红素都是人类必需营养素,是人类预防心脑血管疾病和眼部疾病的重要食物组成成分(表 4-10)。

表 4-10　优质农产品和中草药中的萜类物质对人体作用

名称	功能	植物名称
青蒿素	青蒿素作用于疟原虫的膜系结构,使其泡膜、核膜以及质膜破坏、线粒体肿胀、内外膜脱落,对疟原虫的细胞结构及其功能造成破坏。抗疟疾	黄花蒿
皂苷	三七皂苷与多糖和黄酮协同作用,有止血、活血化瘀、抗衰老、降血脂、降血糖、提高机体免疫功能等作用。人参皂苷有抗癌功效	三七、人参
胡萝卜素	具有抗氧化、免疫调节、抗癌、延缓衰老等功效	在优质的黄、橙、红色的胡萝卜和番茄等中含量高
叶黄素	人体无法自身合成叶黄素,必须靠摄入。叶黄素是唯一存在于水晶体的类胡萝卜素,有保护视网膜、降低眼球蛋白的氧化强度预防青光眼、抑制退化性黄斑病症的作用。叶黄素还阻止活性氧自由基对正常细胞的破坏,对多种癌症有抑制作用,如乳腺癌、前列腺癌、直肠癌、皮肤癌	优质甘蓝、菠菜、绿花椰菜、香菜、南瓜、豌豆、芥菜、玉米、奇异果、葡萄、柳橙中含量高
番茄红素	番茄红素是目前为止发现的抗氧化功能最强的营养素,抗氧化活性是维生素 E 的 100 倍。每天摄入 10 毫克番茄红素,对于清除体内自由基、消除疲劳、提高身体免疫力有明显的促进作用	优质西红柿、西瓜、番石榴、葡萄柚、胡萝卜、南瓜、甘蓝中含量高

第三节　次生代谢对农产品的提质作用

作物品质指农产品质量是否达标，对食用农产品来说能提高农产品色泽、品相、储藏期的物质，还有营养物质的成分、含量和对人类的营养价值等主要指标。在生态种植中，更强调栽培过程调动内源激素和追加矿物质营养的作用，所以在品质指标中增加了对一些影响作物抗逆性的次生代谢产物的检测。

一、次生代谢产物中的风味物质

1. 化感与风味物质是同时产生的，一荣俱荣一损俱损

植物次生代谢有一个特性，就是其代谢产物中的化感物质和风味物质是同时产生的，可以说是一荣俱荣、一损俱损（表 4-11）。

表 4-11　同一个代谢途径产生的风味物质和化感物质

代谢途径	风味物质	化感物质的功能
生物碱途径	各种氨基酸	生物碱有植保功能
酚类衍生物途径	芳香剂	酚类衍生物是植物抗病物质，有防腐败、延长货架期的作用
类黄酮类代谢途径	类黄酮类化合物（苏联专家称为维生素 P）	杀真菌作用明确
有机酸次生代谢途径	有机酸类物质与初生代谢生成的维生素类	植株体液泡 pH≤4.2 时是植物杀细菌的必要体内环境条件
异戊二烯焦磷酸酯代谢途径	一萜类化合物	杀虫、杀线虫、杀病毒；有驱避害虫、使害虫拒食的化感物质；脱落酸抵抗灾害性天气

植物次生代谢产物中有很多种风味物质，产生于不同的代谢途径。各个途径都有风味物质，比如：酚类的芳香族化合物、类黄酮类化合物（维生素 P）、有机酸和糖的糖酸比形成果实和蔬菜的 pH、一萜类化合物都是风味物质，增加口感。农产品风味物质的产生，既有遗传因素，也有胁迫因素。在栽培环境中养分充足均衡供应的前提下，适度胁迫能明显提高芳香族化合物等风味物质的浓度。

2. 风味物质的主要组成

风味是指人对食物的口感和对食品产生的综合感觉，包括：嗅觉、味觉、视觉和触觉。风味物质的特点是成分多而含量甚微。

①气味物质的特征。有挥发性，既具有水溶性（可以通过嗅觉感受器的粘膜层）又具有脂溶性（能通过感受细胞的脂膜），分子量在 26～300 之间。水果中的香气主要是以亚油酸和亚麻酸为前体物经生物合成途径产生的（有酶催化）。成分主要为 C_6～C_9 的醛类和醇类、还有酯类、萜类、酮类、芳香族化合物和挥发酸。醇类的 C_1～C_3 的醇有令人愉快的香气，C_7 以上的醇呈芳香味。萜类化合物是水果中一类重要的香气物质。水果中酯类物质含量最高，是构成果实的主要香气物质。尤其是内脂有特殊香气，如桃香是一种内脂物质。C_8～C_{12} 的饱和醛有良好的香气，不饱和醛的气味是臭的。水果中的涩味物质来自多酚类的化合物，其中的单宁是最典型的涩味物质。酸味来自苹果酸和柠檬酸，两种酸共存时酸味圆润柔美。

②水果中的风味物质。红富士苹果中的 55 种芳香成分中脂类占 42.67％，醛类占 29.85％，醇类占 19.09％，还有烯烃类、酮类、羧酸类等。柑橘以萜类为主要风味物质，仅橘皮中就存在着 71 种挥发性的植物精油，其中大部分是单萜，主要是柠檬油精。菠萝中酯类是特征风味物质（乙酸甲酯、乙酸乙酯）。草莓的风味物质中含量较高的有酯类、酮类、醇类和醛类物质，草莓所含的水杨酸是以脂态形式存在的。葡萄的风味物质主要包括：醇类、醛酮类、酸类、烃类等。

③蔬菜中的风味物质。葫芦科和茄科的果实具有显著的青鲜气味。特征气味物有 C_6 或 C_9 的不饱和醇、醛等化合物。如黄瓜的清香味主要成分有黄瓜醇和堇菜醇，番茄的青菜气味主要是青叶醇和青叶醛。伞形花科蔬菜具有微刺鼻的芳香，头香物有萜烯类化合物，如胡萝卜、芹菜、香菜等。百合科蔬菜具有刺鼻的芳香，风味成分主要是含硫化合物(硫醚、硫醇)，如大蒜、洋葱、葱、韭菜等。十字花科蔬菜具有辛辣气味，气味物是含硫化合物(硫醇、硫醚、异硫氰酸酯)，如卷心菜、萝卜、花椰菜、芥菜等。

④茶叶中的风味物质。乌龙茶约有 300 种香气物质，其天然花果香是萜烯醇类和芳香醇类化合物，其中单萜(C_{10})具有香叶醇(玫瑰花香)、芳樟醇(铃兰香、木香)，倍半萜(C_{15})具有橙花叔醇(花木香)等花香物质。茶叶中 20% 为茶多酚(儿茶素类)，具有很强的抗氧化、抗肿瘤，降低血脂和胆固醇的作用。

二、次生代谢产物中的色泽物质

1. 农产品成熟期的着色过程

果实色泽是鉴定果品品质的最主要感官指标之一。果实品质一个重要指标是着色，而果实着色与多种元素有关，与次生代谢关系密切。农产品在成熟过程中会发生一系列物质转化：果实变甜是淀粉变糖，酸味减少是因有机酸转化为糖或分解，涩味消失是因单宁分解，果实变软是由于果肉细胞壁中的纤维素和果胶分解，果实香味产生是由于脂类物质和醛类物质的增加。颜色变艳是类胡萝卜素等分解呈黄、橙和红色。一般来说，橘色和黄色通常属类胡萝卜素，红色通常是番茄红素或辣椒红素。而紫色则通常是花青素，花青素属酚类化合物中的类黄酮类物质，是一种水溶性色素。

2. 类黄酮类对花和果的着色

类黄酮类化合物中含有各种有色的物质，其中最普遍的有色类黄酮是花色素苷，也被称为花青素。花、果大部分呈红、淡红、紫和蓝等色，都与花色素苷有关。鲜艳花色可吸引昆虫而帮助传粉，鲜艳果实可吸引动物食用而传播种子。花青素在植物体内常与各种单糖结合形成糖苷，称为花色素苷；如果没有糖则称为花色素。花色素苷也属于黄酮类化合物，溶解于细胞液中，在植物界中分布极广，花、果实和叶片的颜色往往与它有关。糖分的多寡影响花色，这是由于花色苷是由花色素＋糖组成的。形成葡萄各种色素的前体——花青素由形成酚类物质的莽草酸途径而来，而莽草酸的形成有赖于旺盛的戊糖呼吸，而戊糖呼吸的活跃需要有充足的糖的积累，因此糖对花色苷形成很重要。花色苷的颜色受许多因子影响，如羟基数目越多，吸收光越向长波迁移，颜色偏蓝；羟基被甲氧基替代，吸收光向短波迁移，颜色偏红。同一花色素的颜色也会有变化，主要是受细胞液的 pH 决定，偏酸性呈红色，偏碱性为蓝色。花青素类的颜色受 pH 影响，$pH<7$ 呈红色，$pH=7\sim8$ 呈紫色，$pH>11$ 呈蓝色。

以葡萄为例 花色苷体存在于果皮表面中，它与葡萄着色关系密切。在种植中采取各种方式的胁迫管理，可以增加葡萄果实着色程度。果实着色程度是判断品质的重要因素。成熟时葡萄中的红色和黑色品种，它们着色是花色苷的形成与积累的结果。使葡萄果实呈现红、黑色的色苷就有花青素、芍药花青素等。其中花青素是其他色素的前体。许多葡萄成熟时，所含花色素最多的就是飞燕草（草本植物，总状花序花瓣为蓝色或紫蓝色）的色素。

图 4-3 显示的是相同的巨峰葡萄在管理上略有不同，左图中在生殖生长期间即果实的着色期，采取水分胁迫处理，由此开启了葡萄的次生代谢，表皮带有薄霜是次生代谢开启的标志，果实呈紫蓝色，表明果实中花青素含量高，对人类来说其营养价值高，而右图没进行水分胁迫管理。试验结果两种果实的着色差距大。

图 4-3　巨峰葡萄着色期的水分胁迫管理(左)与对照(右)差距大

(石庆煜)

三、次生代谢产物中的修复物质

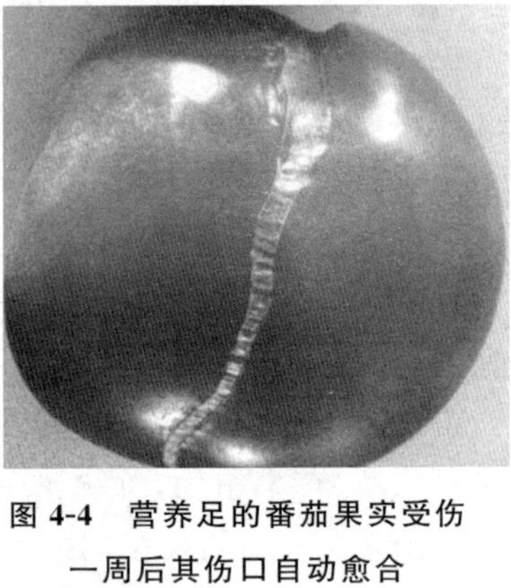

图 4-4　营养足的番茄果实受伤一周后其伤口自动愈合

次生代谢产物具有修复功能的物质。植物有了外伤在微量营养元素氯的参与下,受损部位合成纤维素,进而形成细胞壁和疏导组织等,最终修复被损害的植物组织,长出新皮;同时,丰富的多酚类抗氧化物质也能帮助受伤植物抵挡住微生物的侵染。酚类衍生物对农产品的伤口愈合和防腐败作用显著。采用生态种植的番茄,通过胁迫管理和全面营养栽培方式,使其体内积累了充足的养分和抗性物质,当运输过程中受到意外磕碰损伤,在受伤一周后没有受到真菌的侵害,依然能愈合(图 4-4)。

四、次生代谢产物中的抗性物质

植物次生代谢产物中超氧化物歧化酶(SOD)、维生素、激素、有机酸、多酚类、黄酮类、萜类物质,都与作物的品质关系密切。这些物质是作物受到胁迫转入次生代谢中产生,对人类的健康有益。当次生代谢正常运转后,果实中的抗氧化物质就会明显增加。

1. 生态种植番茄果实抗性物质的积累

以番茄为例,其果肉的细胞壁也在成熟过程中膨胀并变软,而一些细胞壁则通过液化的过程彻底分解,为正在发育的种子提供空间(图 4-5)。番茄果实细胞壁中含 50%果胶(果胶的基本成分:聚木半乳糖醛酸和聚鼠李半乳糖醛酸),成熟过程中果胶溶解。

图 4-5 正常发育成熟的番茄果实的横切面

细胞壁中钙的作用非同小可,钙离子与几种物质形成不同的钙复合体,钙与果胶物质在一起形成果胶钙,使细胞壁变得更加坚硬。果实表面的蜡质是醇类等复杂混合物的次生代谢产物,这些物质可防御真菌和细菌病原体的侵染。因此,检测果实中的抗性物质,是重要的农产品的品质指标。

2. 生态种植苹果抗性物质的检测实例

北京市园林局 2011—2012 年,在昌平区果树研究所进行不同施肥模式对比试验,对提供试验的富士苹果进行果品品质的检测,中国农业大学李天忠教授完成了检测和数据分析，检测次生代谢产物花青苷含量和SOD活性指标。参与试验的仲元苹果各项指标都好于对照组（表4-12）。试验使用仲元的土壤营养调理剂与基肥拌匀沟施100～150千克/亩。氨基酸液肥在关键生育期喷施（图4-6）。

表4-12 不同施肥模式果树品质检测对比

项目	花青苷含量	SOD活性（U/克 FW）
对照组	183.3b	37c
仲元试验	215.8a	75a

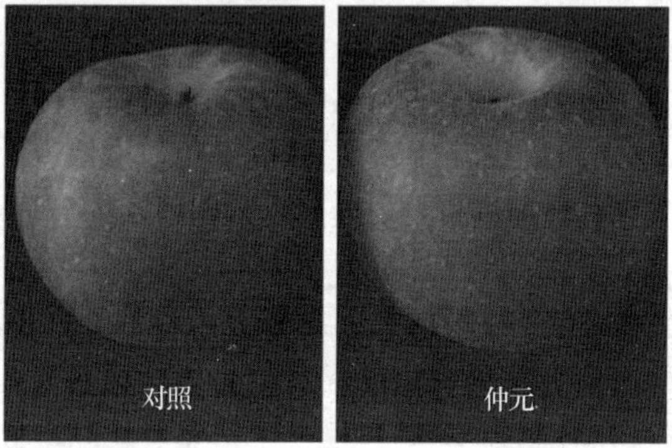

图4-6 中国农业大学李天忠2011—2012年检测的苹果样品

3. 生态种植小番茄抗性物质的检测实例

用同一作物品种、同一时间栽种的番茄，进行化学种植和生态有机种植对比试验。2017年，研究者用生态种植理念来指导河南滑县农民种植蔬菜，即前茬秸秆全量还田、有机肥需要充分发酵、全元矿物质肥料（包括土壤调理剂、钙镁磷肥和罗布泊硫酸钾肥）和有益微生物菌剂（富含非豆科固氮菌）做底肥，在栽培过程中采用对作物进行胁迫加营养(喷施15升水中加入50毫升氨基酸液肥+100毫升有益菌剂+150克红糖)的方式。

河南滑县两种种植模式小番茄样品取样(2017年3月20日),采用不同种植模式生产出的番茄对比,从外形上看化肥加农药还用了外源激素的小番茄果实带尖,而用生态有机种植的番茄果实圆润(图4-7)。

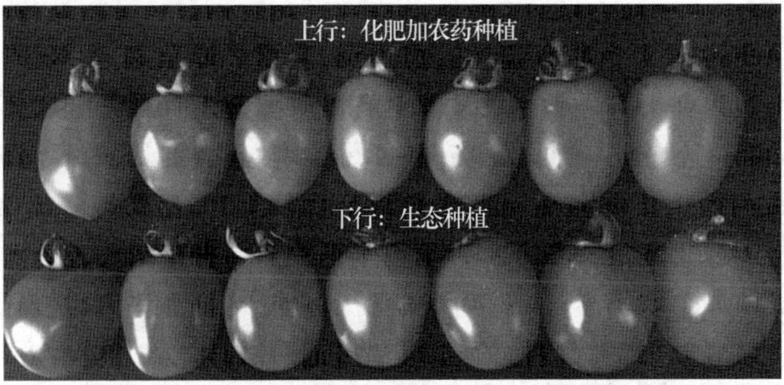

图4-7 河南滑县两种种植模式小番茄样品对比

4. 抗氧化品质的检测项目

2017年3月我们进行了两类种植模式所收获的的小番茄样品的实验室测试,主要检测农产品品质指标,本次测试的植物次生代谢产物中的抗氧化酶,包括超氧化物歧化酶(SOD)、过氧化氢酶(CAT)、过氧化物酶(POD)、多酚氧化酶(PPO)、苯丙氨酸解氨酶(PAL)。这些酶类物质的检测结果,明显反映出不同施肥和田间管理水平下,作物的次生代谢途径是否开启,次生代谢是否运转以及产物的多寡。可以说,检测数值中各种酶的值越高,说明果实品质越好(表4-13)。

表 4-13 河南滑县不同种植模式的小番茄的品质指标检测

品质指标	化肥农药种植	生态种植
单果重(克)	16.85±0.87b	20.52±1.04a
类黄酮(OD325 g-1 FW	109.08±2.15b	133.50±4.20a
总酚(%)	1.67±0.02ab	1.63±0.04a
SOD(U h-1 g-1 FW)	101.28±5.53b	144.13±7.84a
POD(U h-1 g-1 FW)	33.23±2.17b	51.38±6.96a
PPO(U h-1 g-1 FW)	84.60±2.49b	109.11±4.48a
PAL(U h-1 g-1 FW)	49.02±1.52a	50.93±1.26a
可溶性糖(%)	3.94±0.39a	4.78±0.17a
硝酸盐(毫克/千克)	81.10±4.47a	84.15±3.82a
维生素 C(毫克/千克)	17.77±0.14a	17.93±0.24a

(中国农科院蔬菜花卉所和农业资源与农业区划所检测 2017 年 3 月)

从品质检测指标上看,用生态种植的番茄的 SOD、CAT、POD、PPO、PAL 的检测数值,都是比用化肥农药种植的要高。可以肯定,农产品中的抗氧化酶含量越高,对人类健康越有益。

5. 用营养与胁迫提高果树的抗灾能力案例

山西新绛农民蔡栋梁连续 5 年,在他自家的苹果园中使用有益微生物菌剂、土壤调理剂和秸秆以及发酵好有机肥做底肥,在果树生长期间,他采用对果树进行环割、剪枝、打杈、疏果等略带伤害性的胁迫,同时进行叶面喷施氨基酸液肥或有益微生物菌剂。由于多年的全营养加上胁迫方式的管理,使树体内已经积累了抗逆性物质,所以当 2012 年春季果树开花期遇到一场雨雪天气,他家果树没受到冻害,那年亩产仍达 5 600 千克(图 4-8),口感还好;而邻居家的果树都受灾减产了。

图 4-8 新绛农民对果园的长期有效管理使苹果能抗灾害性天气
（光立虎）

6. 生态种植药用牡丹的移栽成活率和药性均提高

2017 年在北京同仁堂铜陵药用牡丹种植基地，在连续种植了五年药用牡丹的土壤上，采用仲元技术和产品种植仅仅一年就显现了优势。两年和三年生牡丹苗采用生态种植方法于 2017 年 1 月定植，到 4 月观察其移栽成活率，试验地（成活率 80%）高于对照地（成活率不足 10%）（图 4-9）。

图 4-9 安徽铜陵药用牡丹用绿色生态种植技术提高成活率
（路森）

2017 年 9 月 6 日北京同仁堂的工作人员将所作的对比试验药用牡丹取样(2017.1.20 定植 2017.9.6 采样),分析发现在沙壤土、半沙壤土和黏土中用绿色生态种植技术的牡丹的丹皮酚含量,试验结果比对照分别提高了 5.52%、4.86%、10.34%(表 4-14)。

表 4-14　安徽铜陵牡丹的丹皮酚含量检测*(经北京同仁堂取样检测)

土壤质地	育苗和种植年限	丹皮酚含量(%)		增长率
		试验	对照	(%)
沙壤土	2+1**	1.72	1.63	5.52
半沙壤土	3+1	1.94	1.85	4.86
黏土	2+1	1.6	1.45	10.34
黏土	3+1	1.9	1.63	16.56

(2017 年 1 月 20 日定植,9 月 6 日取样采挖)

注:* 丹皮酚含量测定方法为药典方法。

** 样本中数字代表育苗年限+种植年限,如粘土示范 2+1 表示黏土示范育苗期 2 年+种植 1 年。

试验比对照其抗性也明显增强,试验样品的根系病斑少且须根多(图 4-10)。

图 4-10　安徽铜陵药用牡丹生态种植的比对照根系病斑少且须根多

(路森)

7. 三七采取仿生种植有效克服了连作障碍

2015—2017 年连续三年在云南省农业大学的实验基地进行生态种植的仿生研究示范，其效果显著。经云南农业大学对三七皂苷进行实验室检测，结果是采用仲元技术的仿生种植的一年生、两年生和三年生的三七总皂苷含量，分别比对照提高 4.52%、14.6%和 7.81%。说明仿生种植对提高三七品质有明显作用(表 4-15)(图 4-11、图 4-12)。

表 4-15 不同种植模式的三七皂苷含量对比

(云南农业大学 2018 年 1 月检测)

生育年	皂苷含量(mg/g)												仿生比对照总皂苷含量增加(%)
	仿生						对照						
	R1	Rg1	Re	Rb1	Rd	*总皂苷	R1	Rg1	Re	Rb1	Rd	总皂苷	
一年生	1.4	8.0	1.2	3.9	1.8	16.2	1.3	8.1	1.0	3.6	1.5	15.5	4.52
两年生	5.3	29.9	4.1	20.2	4.9	64.4	6.1	26.1	3.5	16.3	4.2	56.2	14.6
三年生	6.8	36.4	3.8	26.9	4.8	78.7	6.1	32.7	4.2	26.1	3.9	73.0	7.81

图 4-11 云南省农业大学用仿生技术种植成功

(朱书生)

图 4-12　云南省农业大学林下生态种植三七取得成功

（朱书生）

五、次生代谢产物对提高果实贮藏能力的影响

1. 内源激素是维系植物生长的次生代谢物质

植物的次生代谢产物中的内源激素是指植物体内与生俱来的生长刺激素，它们维系着植物的正常开花、结果、成熟和储藏全过程和植物与环境的关系。内源激素是形成农产品品质的重要基础。它们还是对胁迫信号进行转导的信号物质，是形成农产品的抗逆性和营养物质，并延长农产品货架期的基础。

2. 内源激素延长果实储藏期的实例

事实上只要栽培方法得当，农作物就能产生不少于 9 种内源激素，可满足作物营养生长、生殖生长和果实储藏对激素的需要。（图 4-13）山东东营农民种植户用生态方法大棚种植番茄，在番茄花期采用蜜蜂授粉，全过程没有用过激素。2017 年 4 月 24 日采摘后的第二天将果实带到北京，在室内自然存放 34 天，口味依然良好。

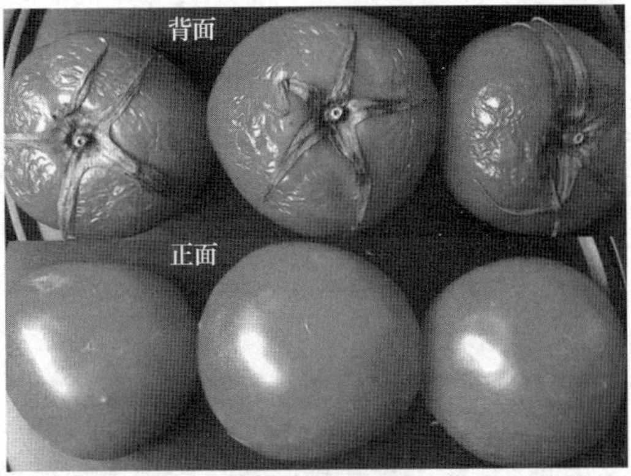

图 4-13　生态种植(未用激素)番茄在常温下放置 34 天

注:2017-4-24 采摘 2017-5-28 日拍摄

提高苹果的糖度　云南省昭通市永丰镇海边村赵庆海用生态农业的四位一体的生态种植技术把自家要毁园的云蒙苹果树又恢复起来。施用有机肥、秸秆、有益微生物菌肥和土壤调理剂,不使用激素、农药和除草剂,果园长势良好。2017 年 10 月 13 日现场检测他种植的苹果,糖度达到 19.5%(一般苹果糖度在 15%已经感觉很甜)(图 4-14)。

图 4-14　云南昭通赵庆海用生态技术挽救的苹果果实糖度很高

(陈井全)

第五章 次生代谢在生态农业上的应用

生态农业高产优质栽培技术，就是传承我国数千年的农耕文化和天人合一的理念，在作物栽培中充分利用植物的次生代谢（应激反应）能力，进行适度人造胁迫诱导的同时提供全面营养，让作物提早开启次生代谢并正常运转，这样既可以积累抗性物质，使作物能抵抗病、虫、草害和灾害性天气，又可以生产出品质好和风味醇厚的农产品。

第一节 作物次生代谢运转的充分条件

必需营养元素和有益元素是作物生长特别是次生代谢运转的充分条件，生态农业的技术关键就是要开启和运转作物的次生代谢。如何实现这一目标呢？下面进行分述。

一、碳的作用

1. 作物从空气中获得的碳只能满足 1/5 的需要

事实上碳在作物体内约占 45%，光合作用所需的最佳植物冠层（植物群落顶层空间的组成）空气的 CO_2 浓度为 0.1%，而一般白天植物冠层的二氧化碳（CO_2）浓度为 0.03%，远远达不到作物需要量，作物靠天补碳方式仅能满足作物大约五分之一的需要量。大气中的 CO_2 是植物光合作用的原料，植物叶绿体通过光合作用吸收太阳能，实现对 CO_2 的固定和对水（H_2O）的光解；植物是地球上能将太阳能变为化学能的最主要生物，二氧化碳的固定过程本质上是由多个酶接力进行的一系列酶促反应，植物体经过光合作用固定的碳在酶的参与下形成碳骨架，进一步合成生命体的糖类、蛋白质、氨基酸、酶、激素、信号传递等物质。因此提高光合效率就是在光合作用的暗反应中捕获更多的 CO_2。在生态栽培体系中，我们用中药制剂的植物诱导剂处理种子和作物苗期的灌根，可以有效地提高植物的光合效率。

2. 秸秆(快速降解)还田是给土壤和作物补碳的最佳途径

从自然界已存在的有机废弃物、再经过微生物降解成为小分子态的有机碳。这种有机碳可被植物直接吸收到体内，这一过程也同样需要酶的参与。秸秆快速还田最终转化成有机碳，如葡萄糖、寡糖、氨基酸、维生素、生长素及其衍生物。有机碳能够被作物直接利用无须再消耗光能。

我国每年产生农作物秸秆 9 亿吨，涉及 20 种主要作物，其中稻谷、小麦和玉米的秸秆占总量 70％以上。作物秸秆与叶片是支撑作物生长、制造养分和运输养分的介质，成熟后秸秆中尚保留大致一半的养分，包括有机化合物、维生素、矿物质和次生代谢产物，是很珍贵的可再利用的农业资源（表 5-1）。

表 5-1　不同作物的草谷比和秸秆养分含量(风干)

作物	草/谷比	秸秆养分含量（％）		
		N	P_2O_5	K_2O
水稻	0.9	0.826	0.273	2.060
小麦	1.1	0.617	0.163	1.225

续表 5-1

作物	草/谷比	秸秆养分含量(%)		
		N	P_2O_5	K_2O
玉米	1.2	0.869	0.305	1.340
高粱	1.6	1.201	0.348	1.647
谷子	1.6	0.766	0.215	1.962
大麦	1.6	0.509	0.174	1.527
其他谷物	1.6	1.051	0.309	1.785
大豆	1.6	1.633	0.389	1.272
薯类	0.5	0.310	0.073	0.555
花生	0.8	1.658	0.341	1.193
油菜	1.5	0.816	0.321	2.237
向日葵	3.0	0.734	0.236	1.926
棉花	9.2	0.941	0.334	1.096
麻类	0.78	1.248	0.131	0.581
甘蔗	0.3	1.001	0.293	1.211
甜菜	0.18	1.001	0.293	1.211
烟草	1.6	1.295	0.346	1.995
蔬菜	0.1	2.372	0.642	2.093
瓜类	0.1	2.346	0.476	2.156

目前仍有近 1/3 的秸秆直接在地里燃烧。秸秆焚烧直接受损的是农民,因为燃烧过程烤焦了 3～5 厘米土壤、使土壤有机质大量损失、土壤中有益的生物也不复存在,更损害了土壤的墒情,燃烧后的灰分只有极少磷钾元素还可被再利用。

土壤中最适合微生物生存的碳氮比是(25～30)∶1。以玉米为例,其秸秆中含碳 46.1%～46.7%,含氮 0.69%～0.89%,其碳氮比等于58∶1。以一亩地大约产生1 500千克玉米秸秆(干)计算,秸秆中含碳大约696千克、含氮11.85千克,还需要另外加入相当于约35千克的尿素才能完成1 500千克秸秆的分解任务。有益微生物可提供具有活性氮,即铵态氮和降解有机物产生的小分子有机氮,可替代尿素化肥。而使用有固氮能力的微生物菌剂可替代化学氮肥,可以使土壤的碳氮比趋于合理。粉碎后的秸秆,同时补充矿物质和有益微生物菌剂。上述物料经充分混拌后深翻到25～30厘米土层,让粉碎的秸秆与土壤充分接触,这样就可以使秸秆在微生物作用下迅速降解,过去秸秆直接还田的量仅为每亩200千克(干)左右,而现在的技术,在秸秆分解过程中增加矿物质和微生物菌剂,秸秆分解量提高到每亩1 000～1 500千克。

3. 叶面喷施有机碳是直接给作物供碳的有效途径

作物光合作用所需的二氧化碳可以从土壤和空气中获得,作物需要更多的碳可从土壤吸收碳酸盐和有机碳。叶面补充有机碳也是另一个重要途径,在作物生长中也可直接喷洒腐殖酸、氨基酸等有机碳类液体肥料,它们4小时内被作物吸收利用,及时满足作物对碳的需要。这种多途径补充碳是作物获得高产的基础。腐殖酸、氨基酸中含有植物需要的有机碳直接供给植物,还含有多种小分子有机物,可以起到保护膜系统,免受自由基攻击的作用。在作物生长的全过程,有必要定期在叶面补充植物源的氨基酸液肥。

二、矿物质的作用

1. 作物对矿物质的需要

作物所必需元素中除碳、氢、氧、氮(占所有必需营养元素总量的97.5%)外都是矿物质元素。作物对矿物质营养素的需要量相差悬殊,但元素之间有着不可替代性,都遵循着一个少量有效、适量最佳、过量有害原则(表5-2)。

表 5-2　植物必需营养元素的可利用形态和占干物质的大致含量

元素	符号	利用形态	占干物重(%)
碳	C	有机碳、CO_2	45
氧	O	O_2、H_2O	45
氢	H	H_2O	6
氮	N	有机氮 NO_3^-　NH_4^+	1.5
钾	K	K^+	1
钙	Ca	Ca^{2+}	0.5
镁	Mg	Mg^{2+}	0.2
磷	P	$H_2PO_4^-$　HPO_4^{2-}	0.2
硫	S	SO_4^{2-}	0.1
以下微量元素的计量单位占干物重(毫克/千克)			
氯	Cl	Cl^-	100
铁	Fe	Fe^{2+} Fe^{3+}	100
锰	Mn	Mn^{2+}	50
硼	B	$H_2BO_3^-$ $B_4O_7^{2-}$	20
锌	Zn	Zn^{2+}	20
铜	Cu	Cu^{2+}　Cu^-	6
钼	Mo	MoO_4^{2-}	0.1
镍	Ni	Ni^-	0.005

2. 均衡的营养是植物能抵抗病虫害的前提

美国著名土壤学专家 Don M. Huber 于 1985 年作出这样的结论，“最佳营养状态的植物抗病性最强，越偏离最佳营养状态，植物越容易遭受病害”。《植物营养与防御机制的前沿》的作者西班牙纳瓦拉大学的 J. M. Garcia-Mina 将养分的抗病能力分为四层次:养分提高了植物潜在的能力,有利于阻击病原菌的侵袭;养分参与植物体内防御物质的合成和发挥;养分参与植物体内防御物质的诱导和激活;养分参与某一特别的生物学刺激素的合成,为植物的正常生长、开花、结果提供所需的养料。

从栽培和生理角度看,植物如果已经受到病原生物的侵染,对此我们用营养也比用药更有效。一般来讲病虫害以糖类和氨基酸为食物。当植物体内营养不均衡时,会导致光合作用的产物不能及时转化为纤维素、木质素或蛋白质等害虫不爱吃的形态,碳水化合物含糖高的物质就是害虫的美味佳肴。害虫在啃食作物的同时还传播各种病害。当一些养分低于某一水平时,植物叶片、茎干或者根系容易泄露或散发出多种化合物,其中含有较多的糖和氨基酸,害虫、细菌和真菌等被吸引,从而入侵植物,在植物体中生存、繁殖引起植物的病害。而当养分过多,特别是氮素过多时,植物组织中也含有更多的氨基酸和其他含氮化合物,形成有利于病菌存活和繁殖的环境,让植物遭受病害。在氮营养过盛和干旱天气下,青椒易发生螨虫危害聚集于新梢顶部,中位叶现零星白斑,随后叶脉间的叶片黄化、萎蔫脱落。

3. 某些矿物质元素是植物次生代谢关键酶的组成

微量矿物质元素参与植物的酶催化活动,酶作为活性蛋白的一种存在于所有生命体中,缺少它植物代谢就会停息乃至凋亡。酶为生命体提供能量,制造新细胞,修复老化细胞。植物的很多生理过程需要酶的参与,这些酶带有金属离子,比如说过氧化氢酶和过氧化物酶中都需要铁(Fe^{2+})离子,固氮酶所需要的金属离子,有二价铁(Fe^{2+})、三价铁(Fe^{3+})、硫(S^{2-})、钒(V^{2+})、钼(Mo^{3+})离子等;己糖激酶和蛋白激酶都含有镁(Mg^{2+})和锰(Mn^{2+});超氧化物歧化酶(SOD)是植物体中重要的活性蛋白酶,其辅基含有金属离子铜(Cu^{2+})、铁(Fe^{2+})、锰(Mn^{2+})、锌(Zn^{2+}),在植物体内生成

Fe-SOD、Mn-SOD、CuZn-SOD(表 5-3)。如果土壤和植物中缺乏铜、铁、锰、锌离子,植物体就不可能生成超氧化物歧化酶。植物中的 SOD 对人类健康意义重大。如今全球 118 位科学家发表联合声明,生物体受到环境干扰所产生的自由基是致病中介因子、百病之源,植物源的 SOD 能消除自由基;SOD 在人体内的活性越高,人的免疫力越强,寿命就越长。

表 5-3　植物细胞酶的合成都离不开金属离子

项目	缩写	金属离子
超氧化物歧化酶	SOD	Cu^{2+} Fe^{2+} Mn^{2+} Zn^{2+}
过氧化氢酶	CAT	Fe^{2+}
过氧化物酶	POD	Fe^{2+}
固氮酶	—	Fe^{2+} Fe^{3+} S^{2-} Mo^{3+} V^{2+}
己糖激酶	hexokinase,HK	Mg^{2+}、Mn^{2+}
蛋白激酶	PK	Mg^{2+}、Mn^{2+}
脲酶	—	Ni^{2+}

4. 土壤中矿物质不足导致农产品只收获形态物质

过去几十年我国土壤中投入过量高浓度的氮、磷、钾化肥,高浓度的速效肥料施入到土壤中,其与土壤颗粒的结合是瞬间完成的,多余的养分溶解在土壤水溶液中,被作物根系奢嗜吸收,收获的农作物也协同带走了所需的其他营养,致使土壤中碳和矿物质(除磷钾元素外)的耗竭,农产品中只收获了形态物质,而其本身应该具有的对人类健康有益的矿物质、维生素、风味物质和抗氧化物质却在减少和消失。下面以磷过量为例,会发生“代谢控制与控制代谢”的负反馈反应(图 5-1),最终在植物储藏器官中就会有植素(植素是磷脂类化合物)、淀粉还有磷酸葡萄糖和磷酸的混合物,造成果实不耐储存,且易感病。微量元素不足,致使植物的次生代谢不能运转，产生不了抗性物质。

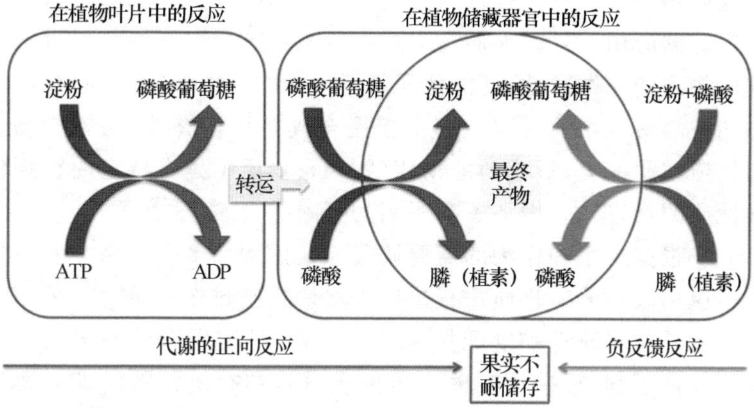

图 5-1　植物体内磷过量引起代谢的负反馈反应示意图

5. 营养失衡影响果实着色

栽培中若没注意促进植物次生代谢运转，最终影响到果实的着色，次生代谢产物不足其类胡萝卜素、黄酮类，如花青素、花色苷的产生不足，会使其果实缺乏色泽。氮肥抑制花色苷的积累，尤其是果实生长后期施氮肥会引起旺长，营养分配不当，影响着色。磷有利于果实着色，促进果实成熟，调节激素产生和激素平衡，为生长提供能量，磷能直接促进花色苷的积累，花色苷积累与细胞分裂和磷有关。试验表明果实中缺磷，细胞分裂和花青素的积累均不发生。钾有助葡萄着色，施钾促进着色调节代谢，促进糖的合成运输和果实着色。钾本身可能不增加花色苷合成。

6. 生态农业需要怎样的矿物质高效材料

①矿物质高效材料。环境矿物材料是指由矿物及其加工产物组成的与生态环境有良好协调关系，并有防治污染和修复环境功能的一类矿物材料。天然矿物通过高温焙烧，温度控制在 350℃～

580℃之间，能够清除空穴和孔道的有机物等。近几十年国内外的研究表明，对原生矿物质进行改性并进行复配的土壤调理剂，应该有很好的应用前景。人们发现对自然矿物进行煅烧加工可以保持其矿物质的原本属性，还能使元素活化为枸溶性（只在弱酸柠檬酸中能被溶解）的，使其在土壤中缓慢释放并长期有效；同时矿物质的孔道空间加大，形成新的物相（物相是物质中具有特定的物理化学性质的相）形态，增加了离子间的吸附能力。

②根据土壤和作物的需要调节元素比例。事实证明在农业生产中应用改性的矿物质比直接用天然矿物肥料作用更大。采用多种矿物质材料改性和复配技术，研发出一种实用有效的多功能土壤营养调理剂，在选择各种原矿物质材料和有机物料时就需要下大功夫。接下来需要研究这些矿物煅烧的改性技术，研究人工矿物和有机物料的加料顺序和比例。天然矿物质材料的选择涉及多种天然矿物，钾长石、白云母、方解石、石灰石、白云岩、蛇纹石、硫铁矿石、磷灰石、沸石、蛭石、凸凹棒、黏土、膨润土、稀土等，经过500～1 500℃的高温煅烧5～20小时，冷却后粉碎，过150～200目筛。各种天然矿物质所占比例，钾长石或白云母占50%～70%，方解石或白云岩或石灰岩或蛇纹石占5%～20%，硫铁矿占5%～10%，磷灰石占15%～40%，其他矿物占3%～5%，稀土占2%～5%。选择的天然植物材料，涉及万寿菊、续随子、丁香、苦参、百部、川穹、黄荆、五倍子、烟草、蓖麻、苍耳、水蓼、狼毒、大蒜、艾叶、香蕉皮、核桃皮等材料或加工废弃料以及植物提取混合物，经烘干，粉碎，过100目筛。按照重量百分比，上述植物性材料占整个植物性材料的30%～60%，植物氨基酸粉占40%～70%。植物氨基酸粉以棉籽粕、豆粕、油菜粕、花生粕、葵花子粕、油茶粕、乌桕粕、蓖麻粕等原料生产氨基酸原粉。天然动物材料牡蛎粉、贝壳粉等的几种或全部，经烘干，过100目筛，还需要甲壳素及其衍生物壳聚糖、甲壳胺等。产品各种物料百分比（按照重量），加工矿物

组分占50%～80%(钾≥4%、钙≥20%、镁≥7%、硅≥15%、微量元素≥3%、有益元素和生命元素微量)、天然植物组分占10%～40%、天然动物组分6%～10%,将上述材料按照比例导入搅拌器,经机械充分搅拌均匀,含水量(质量比)在8%～10%;由此完成了土壤营养调理剂的制作。土壤调理剂是按照土壤和作物所需来进行原材料配伍的产品,从选料到加工成为成品其生产工艺都很严苛,给作物全面的矿物质营养,矿物质广泛参与植物的新陈代谢特别是次生代谢过程:镁、氮、磷和铁元素是叶绿素的组成,氯、锰、锌、铜、钼元素参与或促进光合作用;钙、镁、硫元素参与植物的次生代谢的开启;铜、铁、锰、锌金属元素是植物抗自由基攻击的第一道防线、超氧化物歧化酶(SOD)的金属辅基;钙、镁、锰、铁二价阳离子是形成土壤有机无机胶体复合体的搭桥物质。土壤调理剂对化学合成的肥料有替代作用。

三、有益微生物菌的作用

生态农业为开启作物的次生代谢准备了足量的碳和矿物质,这些物质只有在微生物的帮助下,才能为作物所利用,因为微生物是土壤物质流和能量流的推动者。大自然的微生物中还有很多固氮微生物,可以帮助农作物固定空气中的氮。

1. 有益微生物能提高土壤的酶活性

土壤酶是由土壤中动物、植物根系和微生物的细胞分泌物以及残体的分解产生的,是具有高度催化作用的一类蛋白质。土壤酶参与了土壤的发生和发育以及土壤肥力的形成和演化的全过程。土壤学研究中报道的土壤酶多达50种,与养分利用有关和有机质分解和转化有关的土壤酶有20种,通常分析不多于10种酶的活性,土壤酶的活性标志着农田生态状况。土壤生物活性的主要表现形式就是土壤酶的活性,这也是土壤作为类生命体的一个重要特征。土壤酶活性的强弱与土壤供肥能力之间存在着密切关系,可以作为土壤肥力指标,很多农业措施如施用有机肥、秸秆还田、施用绿肥、采取轮作、进行灌溉等在多数情况下能够提高土壤酶活性,从而促进土壤中的物质能量转化,提高土壤供肥能力,以提高作物产量。土壤微生物是土壤中物质能量转化的推动者,是土壤酶的主要来源,因此施用菌剂会增强土壤酶活性。

2. 土壤中的强固氮菌对生态农业意义巨大

①氮素对生命的意义重大。植物对营养的需求除了碳、氢、氧外,植物对氮的需要量就排在前面了,氮合成植物体内各种蛋白质、核酸、磷脂,是原生质、细胞核、细胞生物膜、酶、激素、维生素和叶绿素的重要组成。没有氮就没有生命。植物体逆境蛋白对植物的抗逆防御起关键作用。

②全球都很重视对固氮微生物的研究。近年来世界各国都高度重视对固氮微生物的研究和应用。自然界具有生物固氮能力的细菌有 100 多个属。1984 年,日本琉球大学比嘉照夫教授撰写《拯救地球大变革》一书,向世界介绍"有效微生物群"的作用,简称"EM"。对世界有机农业的发展产生重大影响。

③我国在非豆科固氮领域研究与应用已经走在前列。近年来人们通过各种技术手段,从自然界筛选固氮能力较强的高效固氮菌。发现自生固氮和联合固氮(定殖于植物根表的细胞间隙,宿主植物并不形成特异分化的结构,因此被称为联合固氮菌)体系可以选育出高效固氮微生物菌种,为非豆科作物提供氮素养分。2009 年中国农业科学院农业资源与区划微生物室孙建光博士的试验证实,固氮芽孢杆菌具备高效固氮和强竞争性适用于广泛农作物品种,可为水稻、玉米、小麦、棉花、蔬菜、果树等主要农作物(属于非豆科作物)提供氮素养分。他的研究发现很多芽孢杆菌属于非豆科固氮菌,广泛存在于非豆科作物的体内和根际,为作物提供活性

氮,还发现一些菌具备高效固氮和强竞争性;他发表“高效固氮芽孢杆菌筛选及其生物学特性”论文。2011 年中国农科院主持的高效固氮、土壤改良微生物菌筛选和菌剂研制应用项目,通过科技成果的鉴定,被专家组认定为国际先进水平。可见,我国非豆科固氮研究与应用走在世界前列。

④高活性强固氮的地衣芽孢杆菌的发现。山西临汾氨基酸厂的王天喜厂长有着 20 年研发微生物菌剂经验。2012 年 7 月在他经常做试验的玉米地里发现有几株玉米长势特别好,他随后挖出玉米根部的土样,带回菌种实验室进行分离。结果是在无氮培养基的平板上长出了菌落,提纯后邮寄给中国农科院刘立新研究员。刘立新凭直觉感到该菌非同一般,将此菌种迅速转到微生物研究室孙建光博士手中。经测定,菌剂中“地衣芽孢杆菌”的固氮酶活性达到 85.583 nmol C_2H_4/h · mg 蛋白,显著高于常用固氮菌“圆褐固氮菌”的固氮酶活性 25.100 nmol C_2H_4/h · mg 蛋白。王天喜分离出的地衣芽孢杆菌的固氮酶活性,是目前市面上常用的圆褐固氮菌的三倍多,且易于培养,增产提质效果明显。具有强固氮能力固氮菌的发现填补了我们固氮菌市场的一项空白。

⑤高活性复合微生物菌的菌种组成。高活性复合微生物菌剂中配比共有 10 种菌(液体 9 种)分别为:枯草芽孢杆菌、地衣芽孢杆菌、巨大芽孢杆菌、凝结芽孢杆菌、嗜酸乳杆菌(占比 90%);侧孢芽孢杆菌、5406 放线菌、光合细菌、胶冻样芽孢杆菌、绿色木霉菌占(占比 10%)。组合菌剂中的每一种菌都有其特有的作用。复合微生物菌剂的原菌中的高固氮活性的地衣芽孢杆菌是自有专利产品,其余部分均来自中国农业微生物菌种保藏管理中心(ACCC)。菌种扩繁培养的菌株高活性,复合菌产品活菌数达到 20 亿个/克,远高于国家标准 2 亿个/克。(注释:枯草芽孢杆菌——代谢产生枯草菌素、多黏菌素、短杆菌肽等活性物质,对致病菌有抑

制作用,如对作物的黄萎病有一定防治效果。地衣芽孢杆菌——抑制土壤中病原菌的繁殖和对植物根部的侵袭,减少植物土传病害;提高种子的出芽率和保苗率,预防种子自身的遗传病害,提高作物成活率,促进根系生长;改良土壤,改善土壤团粒结构,提高土壤蓄水能力。巨大芽孢杆菌——拥有解磷、固钾功能。其具有很好的降解土壤中有机磷的功效,可防治生姜细菌性青枯病、兰花炭疽病病,施用到烟叶上对提高烟叶发酵增香效果独特。凝结芽孢杆菌——对植物具有抗虫功能;改善植物体免疫功能,提高抗病能力。嗜酸乳杆菌——能够分解在常态下不易分解的木质素和纤维素,合成各种氨基酸,维生素、产生消化酶、促进新陈代谢,还有融化不溶性无机磷的能力。侧孢芽孢杆菌——有解磷的功能。可有效降解土壤中的有机磷。5406 放线菌——有固氮、解磷、释钾、抗病等功能,对难分解的物质,如木质素、纤维素、甲壳素等有降解作用,放线菌也会促进固氮菌增殖。光合细菌——是肥沃土壤和促进动植物生长的主力部队。胶冻样芽孢杆菌——可以促进土壤无效磷钾的转化,增加土壤磷钾的供给,提高作物产量,其解磷、解钾、解硅的强度超强。绿色木霉菌——绿色木霉菌可直接杀死作物根部和土壤中的根结线虫和地下害虫,能消灭耕层病菌及害虫,可抑制多种植物真菌病,如根腐病、立枯病、猝倒病、枯萎病等土传病害。)

⑥竞争关系与互为基质建立优质菌群的新理论。微生物菌组合菌形成完整食物链。它们土壤中能以集团作战的方式快速占领优势生态位。对土壤和植物的作用是多方面的。复合微生物菌是多种菌组合而成的,用好氧菌和厌氧菌共存的原理组建。土壤中有光合菌和固氮菌都有固氮能力,但两者生存条件相反,光合菌是厌氧菌,而固氮菌是需氧菌,当固氮菌利用氧气繁殖过度会缺氧,缺氧环境又是厌氧光合菌生存条件。而固氮菌排泄物是光合菌的食物,光合菌排泄物有机酸又是固氮菌的食物。这种生存竞争和互为基质的特性是建立优质菌群的依据(图 5-2)。

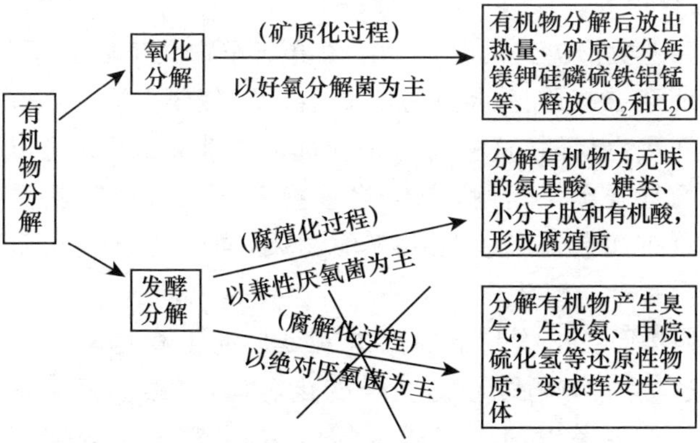

图 5-2　有益微生物对有机质的有效分解示意图

3. 高活性有益微生物组合菌的主要功能

①固氮作用。有益微生物的生命代谢过程可以将空气中的分子态氮固定转化为化合态，供植物吸收利用。芽孢杆菌属是联合固氮菌，可为非豆科作物提供铵态氮，另一种是有益微生物菌群还降解有机物（秸秆和有机肥）生成的小分子高活性的有机氮。有益微生物固氮菌的广泛应用有望替代尿素化肥。把土壤中有机物降解为作物可再利用的矿物质、氨基酸、糖类、有机酸、小分子多肽、腐殖质、二氧化碳等（二氧化碳充足使作物的光合效率高，创造的养分多）。

②促进生长。生物菌代谢会分泌赤霉素、细胞分裂素、生长素等活性物质，刺激、调节作物生长和提高产量。

③抗病抗虫。微生物代谢物有直接杀虫、杀菌的作用且进入土壤会在根际定殖，微生物代谢产生的生物酶可使土壤中所有生命体都紧密联系，形成菌膜屏障组成的一道防线，阻止病菌病毒占位，有效地防止各种细菌和真菌性病害，抢占生态位点让线虫及真细菌无法侵染。不发生诸如蚜虫、红蜘蛛、白粉虱、菜青虫、玉米螟

虫、根结线虫等。

④促进植物次生代谢。有益菌群与作物共生联合固氮，其活动不断地穿透细胞壁给作物以胁迫，以“侵染”方式使植物受到胁迫打开次生代谢，这种胁迫是伴随其终生的，因此可以不断地促使作物打开次生代谢，产生化感物质。化感物质就是各种抗击病虫草害和抗击灾害性天气的物质，同时还产生品质物质和风味物质。

⑤促进团粒结构。土壤固碳就是形成生物化学稳定的腐殖质碳。过去谈到碳库（全球气候变化名词，指碳循环中地球的储碳能力），较少考虑到土壤微生物作用，事实上土壤碳固定就是在微生物的作用下形成大团聚体，当然还需要二价元素钙、镁、锰、铁起搭桥作用（图 5-3），土壤有机质是人可以参与调节的物质，若让土壤有机质从 1.5%增至 2%就等于土壤保肥能力升 14%；从 1%增至 3%就等于土壤保水能力就要增 6 倍。并能抵抗土壤侵蚀和抗击灾害。让土壤成为类生命体，使土壤变得松软，土壤通透性和对水分、养分的吸持能力增强，也为各种土壤中的多种生物提供生存环境，土壤中各种生命体的呼吸可为植

图 5-3　在矿物质和有益微生物菌的共同作用下土壤 90 天内形成团粒结构

物提供 CO_2。土壤渐渐成为在土中生存的生物和植物根系和谐相处的类生命体。土壤腐殖质的形成，是由有机物残体在微生物的作用下快速降解纤维素、半纤维素、木质素，合成的有机弱酸是以芳香族为主体附以酚羟基、羧基、甲氧基的功能团。其阳离子交换量(CEC)大，与土壤黏土结合成微团聚体的腐殖质碳。腐殖质是含有多个功能团的大分子，其中碳、氮、磷、硫比值大约为 100：10：1：1。腐殖质占有机质的 50%～70%，按照 0～20 厘米土层的有机质提升 1%计算，相当于给土壤固碳量 13.2 吨/公顷，如能在我国 20%的耕地上应用此技术相当于每年碳减排 3 亿吨。

有益微生物本身的生命活动所产生的代谢产物，是形成腐殖质的重要组成部分，代谢产物包括芳香族化合物(多酚类)、含氮化合物(氨基酸或肽)和糖类物质等。微生物群分泌的酶是多酚氧化酶，经氧化成为醌，醌又与氨基酸或肽缩合形成腐殖质。当碳氮比(C/N)在 20：1 时有机物分解速度快。土壤有机胶体包括土壤腐殖质、土壤微生物、土壤酶。土壤腐殖质带有的负电荷具有较大的交换容量，其交换量是矿物质的几倍到十几倍，增加土壤腐殖质可弥补作为搭桥物质的二价阳离子的不足，提高土壤胶体的协调能力。土壤微生物和土壤酶都是具有蛋白质胶体的活性物质，这些蛋白质胶体的活性物质在土壤中可以处于游离状态或处于吸附状态，蛋白质胶体的活性物质被吸附于黏土矿物表面后，仍能较为稳定不易失活。有益微生物可以有效地分解有机物，使之成为植物可利用的形态。使土壤的团粒结构好，渐渐成为各种土壤动物、微生物和植物根系和谐相处的类生命体。

总之，有益微生物是生态农业土壤物质流和能量流的推动者。

第二节　开启作物次生代谢的必要条件和方法

一、胁迫是开启次生代谢的必要条件

1. 从植物生理角度看胁迫

从植物生理学角度来看，植物在逆境环境中很容易被打开植物次生代谢途径，但如果没有适当的营养供应，也就是说没有给予植物参与复杂的生化反应过程的必要养分，就会使植物次生代谢处于空转状态，次生代谢产物不会产生，使植物的自身免疫能力无法提高。如果我们对植物次生代谢有一个清醒的认识，利用各种现代技术将次生代谢加以引导和利用，人们就有可能在减少农业投入成本（特别是减少农药的投入）同时，获得高品质、高产量的农产品。

2. 次生代谢的开启和运转过程的共同机制

作物形成抗逆性的过程就是开启和运转次生代谢的过程，此过程被人们发现这其中有着一个共同机制，这一结论已经得到植物生理学和基因组学界的认可，即指作物在逆境中用共同的受体、共同的信号传递途径，传递不同的逆境信号，诱导共同的基因，调控共同的酶和功能蛋白，产生共同的代谢物质。在不同的时空抵御不同的逆境，这就是植物最经济高效的抗逆防御体系。

这就是生态农业强调开启次生代谢并促进其运转，从而获得优质农产品的理论基础。

3. 不断地胁迫是打开次生代谢的技术关键

我国的生态农业把诱导胁迫放在首位，该技术重视传统农业传承，用胁迫加营养的方法在作物生长全程不断开启植物次生代谢途径，使作物生长早期就有免疫力。早期胁迫包括种子抗性锻炼、营养拌种（用有益复合微生物菌拌种可早期进入植物体内，其中联合固氮作用可伴随植物终生，并与植物进行物质和能量的互换，这一活动可等同为人造胁迫）和在作物生长期间不断进行略带伤害性的操作。作物生长过程用植物氨基酸液肥、有益微生物菌剂（富含非豆科固氮菌）、植物诱导剂等进行叶面喷施，可以替代农药、激素、除草剂等物资，使作物各个器官都产生抗病虫草害和抗灾害性天气的化感物质和内源激素。这种人造胁迫可产生诱导性的系统抗性，因为植物在遭受逆境攻击的数分钟内，局部的防御反应就已被激活，几小时内在离攻击部位很远的组织内防御反应也被激活。提早胁迫可以使作物在病、虫、草害和灾害性天气到来之前开启次生代谢，添加必需的矿物质营养，让作物自动调控体内共同的酶和功能蛋白，从而积累起系统抗性物质，建立起最经济有效的逆境防御系统，减轻各种逆境的伤害。也可以代替施用农药，起到四两拨千斤的效果。

次生代谢产物在植物如何协调与环境的关系上充当着重要角色。胁迫是开启植物次生代谢的重要条件，任何一次间苗、铲、蹚、耘、剪枝、打杈、采摘等，都可打开次生代谢途径。而让次生代谢不空转的关键技术，就是追加营养素，特别是当作物长势弱时，更要进行全营养补充，这时起到外在补充内在激活的作用。田间扰动就是对作物进行人造胁迫，施入土壤的有益微生物与植物共生，固氮共生微生物为植物提供铵态氮，同时从植物体获取碳。喷施时间在日落前效果好。

4. 对诱导抗逆的研究

对诱导抗逆的研究是国内外很多学者，包括植物生理学家、化学生态学家、植物保护学家为之奋斗了几十年的事业。近年来，刘立新研究员发现各种胁迫对植物都有诱导抗逆作用，也就是激活沉睡的基因使其表达，这是植物与生俱来的特性，不需要转基因。从植物生理学视角看，农作物抗性和品质的提高完全可以通过胁迫和营养解决。因为植物在进化过程中为了适应环境，其次生代谢会产生抗逆性物质和品质物质；次生代谢是在胁迫中产生，人类从事的农业生产活动如果能够充分利用这一功能，可少走很多弯路。难怪有学者称"农业是唯一使人们经常与所有的宇宙和生命定律打交道的职业"。

二、打开作物次生代谢的植物诱导技术

1. 植物诱导剂(GPIT)的研发及其效果

植物诱导剂经过十几年的研究和 778 次的反复试验在全国 22 个省区的各种环境下，经十年示范和极限试验，完全证实了该产品对作物的抗病、抗灾、抗逆能力和增产效果都十分显著。1999 年 9 月植物诱导剂技术(GPIT)(广大农民还习惯性地称为"那氏 778")在北京通过专家评审，认为这项技术居世界领先水平。2002 年 12 月 28 日，通过了国家农业部组织的专家鉴定，"总体达到国内同类研究的领先水平"。我国云南生态研究所那中元所长把祖传的中医秘方用于农业，用多种中草药加微量元素研发出的中药制剂植物诱导剂，被称为作物基因表型诱导调控表达技术(GPIT)。作物全程使用 GPIT 一年后其根系发达、土壤有益菌群活跃。植物诱导剂原料采自与大自然中草药，这些植物常年生长在各种逆境胁迫中，其逆境促进其次生代谢产物的生成，主要有生物碱、萜类和酚类物质，其中赤霉素、脱落酸、生长素、细胞分裂素、乙烯、油菜素类固醇、多胺、茉莉酮酸和水杨酸等内源激素含量丰富，采集后经处理、提纯、浓缩成为天然植物提取物，人畜都可食用(无毒无副作用)。植物诱导剂(GPIT)可以激活农作物自身免疫

力，表现出对逆境双向抗性，如既耐旱又耐涝，既耐冷又耐热，既节肥又增产，既耐阴又耐光氧化；产生超敏应激控制病害、强超敏应激非毒性机理、快速湿触击杀害虫等。大幅度提高光合效能（包括光、肥、水效应）。不仅能使农作物早熟、高产、优质，还能抗逆高光效节省水、肥、基本不用化学农药，高活性大根系的强根面效应既能向土壤提供更多的碳氢能量，又能激促大群体高活性的微生物使土壤保持活性、恢复自修复良循环，且能发挥生物多态性潜能治理高盐碱地。是农业增产与生态和谐途径的创新技术。可广泛用于粮食作物、经济作物、蔬菜、水果、花卉、药材及特色种植等领域。能够促进作物大幅提高双向自调控能力，功能表现有促使种子先生根后发芽（成活率高），控幼苗不旺，小苗慢促长，根系发达，主根粗且长（耐旱耐涝），茎粗节短，穗大粒饱（高产优质）。植物诱导剂采用叶面喷施、浇芯叶等方法，可替代用农药，达到抗逆、早熟、优质、高产、高效的结果。全程使用一年后土壤得到净化、有益菌群增加，作物的根系更发达，农产品品质好风味足。在作物早期使用植物诱导剂，根系发达产生的分泌物通过改变根际环境，同时也提高根系对营养元素的吸收利用率。作物的根系分泌物有聚多糖和多糖醛酸、有机酸、糖、酚及各种氨基酸（包括非蛋白氨基酸），还有酚类、有机酸、脂肪酸、甾醇类、蛋白质、生长因子。一般来说高等植物光合作用固定的碳 20%～60%被转移到根部。植物诱导剂（GPIT）在作物生长早期促进根系生长，生长期间提高作物抗逆性和促进光合利用率方面效果明显，是阳光农业。

2. 使用植物诱导剂(GPIT)农产品的检测结果

科研人员对使用过植物诱导剂的农产品的生理指检测，其中的蛋氨酸增加 25%（蛋氨酸是乙烯的前体。植物体的蛋氨酸多，当逆境来临时乙烯就能迅速产生，乙烯传递逆境信号给第二信使钙离子，钙离子将信号转导到更广泛的远端组织，植物次生代谢就开启了);检测结果还包括农产品的酪氨酸(酪氨酸是大麦芽碱一类生物碱类物质的前体)含量增加 43%~55%。证实植物诱导剂(GPIT)对激发和诱导沉睡的基因,使次生代谢充分运转,提高作物的抗逆性和提高光合效率等方面均有效。植物诱导剂(GPIT)还能将作物的潜在基因激活为表现型,并实现获得性好性状的遗传,从而为人类培育新型优良作物品种开创了新方法和技术路线。

3. 植物诱导剂 GPIT 在分子生物学上的研究

国际上的重要杂志刊载了用细胞分子生物学的方法研究 GPIT 诱导作用的论文(图 5-4),国际《科学》杂志子刊《科学报告》2015 年 10 月 16 日用长篇幅刊载的论文,题为《直接从头宏转录组学鉴定紫根水葫芦根和真菌(根际效应)共生系统中的差异表达基因》,证明外源的植物诱导剂可以激活植物的抗性基因。

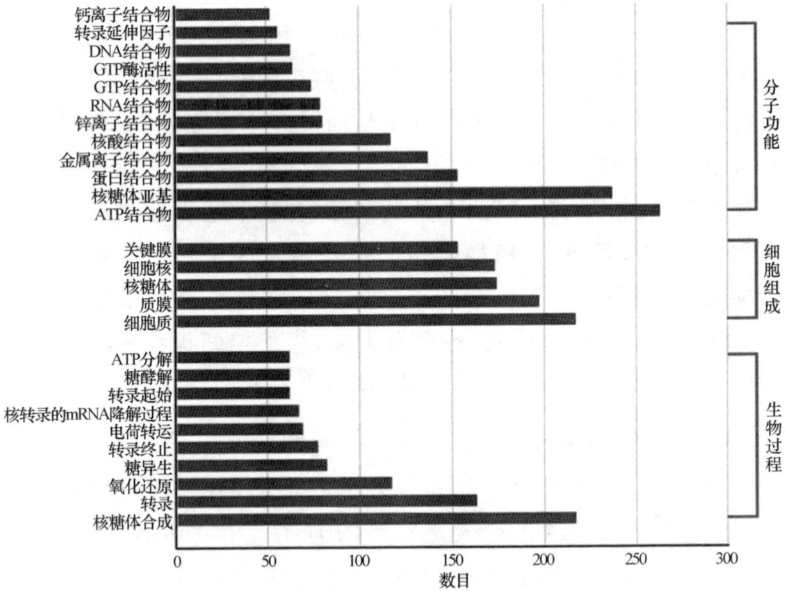

图 5-4 用 GPIT 技术生产的紫根水葫芦新种质被激活的基因表达

上面所述论文中阐述了经GPIT诱导调控的紫根水葫芦与普通水葫芦相比尽管没发现DNA改变，但在mRNA的表达上有近万个基因改变，其中有3 235个基因表现出显著的增强趋势，证明通过外源的诱导调控可导致作物性状发生巨大改变。文章运用GPIT培育出来紫根水葫芦与同类水葫芦降解蓝藻产生分子水平表达差异，它们中的内生真菌Fusarium的基因表达量差异高出3 600多倍，GPIT培育的紫根水葫芦可为消除水源污染并为有益微生物提供良性环境。用GPIT技术生产的紫根水葫芦新种质和相应种植管理，可以准、快、美、省地治理藻型富营养化的水体污染问题。(注释：紫根水葫芦根系微生物Emericellopsis salmosynnemata翅孢壳的salmosynnemata菌所分泌the β-lactam antibiotic cephalosporin C β-内酰胺类抗菌的头孢菌素C具有裂解蓝藻的能力。)

综上所述，有我国自主知识产权的植物诱导剂(GPIT)，所具有的诱导和调控的技术原理，已经在细胞分子生物学水平的研究上有了进展，并得到国际同行的认可。

三、让作物次生代谢充分运转的条件

1. 胁迫加上营养来激活植物的次生代谢

胁迫加营养就是在对作物进行胁迫管理时，也会给病原微生物的入侵作物提供了一个机会，这时作物会发出应激反应产生自由基。为了防止病原生物的攻击和自由基对植物细胞膜的伤害，最经济有效的办法是马上在叶面喷施植物氨基酸液肥和有益微生物菌剂。这些营养物质的补充和有益微生物菌剂的喷施，可以快速给作物补充营养并使之闭合伤口，起到防护的作用。

在生产中用略带伤害性的胁迫和增加营养，让植物开启的次生代谢不空转，积累更多的抗性物质、品质物质和风味物质。

这些代谢产物具有生态稳定性，不是用新技术创造出来的新物质，是自然界原本已存在的物质。它们在生态系统中作用稳定，不会引发新未知问题，不会污染环境，对人类健康来说是最安全的。

叶面喷洒的肥料诸如：植物氨基酸液肥/酵素/植物营养调理剂/有益复合菌剂/各种酶制剂/腐殖酸钾肥/生化黄腐酸/某些特定的中草药制剂——植物诱导剂（GPIT）或称那氏778。上述有机矿物质营养之所以有效，这是因为植物为完成生命过程和繁衍后代合成多种有机物，形成组织构成物（纤维素、半纤维素、木质素）；储藏物（淀粉、蛋白质、脂肪）；生命活动能源（葡萄糖、磷脂、激素、维生素）；抵御环境胁迫（生物碱、黄酮、酚类、萜稀类）。植物因为需要而合成多种有机物，那么，外源供应能被植物直接吸收的同类有机物必然具有同样的生物效应。小分子有机活性物对植物生长发育的生物学作用也同等重要、不可替代。植物能够而且必须吸收有机营养。

2. 保护作物的膜系统是田间管理的重点

植物的新陈代谢离不开细胞的膜系统，因为植物的生理生化反应都与膜系统密切相关。植物的细胞内存在众多的亚细胞器，每个亚细胞器都有膜保护（高尔基体、线粒体、叶绿体……），每个细胞内的膜至少有17种之多，被科学家称为细胞的膜系统。作物受到任何一种胁迫的很短时间内，其体内细胞会从初生代谢转到多种次生代谢，从而激活新的防御物质，次生代谢运转中还同时产生品质和风味物质。细胞的膜系统与细胞的骨架一起为生命活动提供了次生代谢物质，细胞内各种反应的高效发挥都有赖于细胞膜结构的完整。（“植物细胞膜系统”的内容请看“扩展阅读”部分）科学研究表明，各种逆境因子对植物的最先伤害都是发生在细胞的膜系统中。逆境因子引起代谢紊乱与自由基增加，并且加速了膜的生物化学和生物物理结构破坏，从而破坏了膜的生理功能，保护膜就是保护生命。栽培中该如何保护植物的细胞膜系统呢？科学家 Mitchell 的化学渗透学说就是一个最典型的描述。细胞内的线粒体和叶绿体在将电子传递的氧化还原反应的能量转化为三磷酸腺苷(ATP)时,膜结构必须完整,膜系统受损必然导致细胞能量转化效率降低。膜结合酶的活化能和膜的生物物理状态密切相关,只有在膜相变范围内,膜结合酶才能发挥相应的生理功能。

3. 阻止毒素在膜上建立通道

膜系统结构的完整性是影响细胞生理生化反应效率的最重要因素,膜系统的完整性是作物产量最直接相关的指标,因而保护细胞膜系统免受或少受伤害(陈靠山,2000)。

保护植物的细胞膜系统,可以使细胞的生理活动效率更高,比如:光合作用效率更高、呼吸作用能量损失最少、酶促反应的效果最佳,这些对任何生命现象都是至关重要的。因此说栽培管理的关键点是保护膜。保护膜结构,使其在胁迫情况下不受伤害或少受伤害,就能提高植物的抗逆性。许多病原生物对植物细胞的伤害是通过产生毒素起作用,很多毒素是通过在膜上形成通道,进入植物体。因此不让病原生物的毒素进入植物体内,应该成为我们保护植物健康的关键环节。

4. 全营养液材料的选择

研发保护细胞生物膜的植物营养液　研发植物氨基酸液肥是用于叶面喷施,考虑用植物制剂对农作物来讲更有亲和力,一举多得。所选主要原料为植物氨基酸原粉、壳聚糖(壳聚糖是由自然界广泛存的几丁质经过脱乙酰作用得到的高端衍生物,其结构与植物纤维相似,它是天然多糖中唯一带正电荷的小分子物质具有稳定的三维结构,壳聚糖具有激活机体系统和免疫调节作用;可抑制真菌、细菌和病毒病害)、矿物质以及螯合剂和渗透剂,下面讲一款普通型植物氨基酸液肥生产过程:称取 150 千克植物氨基酸原粉和150千克壳聚糖，倒入搪瓷反应器中，加入518千克的水，在50～90℃下搅拌30分钟，再加入5千克EDTA和3千克甲基化葵花油，充分搅拌；然后边搅拌边依次加入硫酸锌15千克、硫酸镁10千克、硫酸亚铁5千克、硫酸锰5千克、硫酸铜0.2千克、硫酸镍0.04千克、钼酸铵0.4千克、硼砂10千克、尿素60千克、磷酸二氢钾60千克、碘化钾0.1千克、碘化钴0.01千克、硅酸钙8千克、柠檬酸钛0.01千克、亚硒酸钠0.01千克、钒酸钠0.01千克、稀土0.3千克充分搅拌；并保持50～90℃温度下反应4～6小时；冷却至室温后过滤、计量、装瓶。植物氨基酸原料为棉籽粕、豆粕、油菜粕、花生粕、葵花子粕、油茶粕、乌桕粕、蓖麻粕等为原料生产的氨基酸粉。

5. 全营养液的完美配伍

原材料配伍，堪比老中医开出的中药方，即从多元论角度来选择物料，使其成为“君、臣、佐、使”的完美配伍，所谓君即对主症起作用物质；臣是辅助君加强主症的物质；佐助用于次要兼症的物质；使就是引方中诸物质达最佳效果。矿物质元素按照作物的需要比例配制。加上两种助剂，EDTA是一种有机化合物是螯合剂，它能与Mg^{2+}、Ca^{2+}、Mn^{2+}、Fe^{2+}等二价金属离子螯合。EDTA能和碱金属、稀土元素和过渡金属形成稳定的水溶性络合物；和植物油表面活性剂甲基化葵花油的加入，大大降低了溶液的表面张力。再加上该产品使用了小分子技术，作物可以100%的叶面吸收。植物氨基酸液肥已通过国家鉴定。植物氨基酸液肥可在作物生长的全过程，可以起到保护细胞膜，免受自由基攻击的作用，在作物生长全程进行定期或不定期的叶面补充。用植物氨基酸液肥对作物生长进行跟踪补充；这些物资的综合作用可有效修复土壤、增强土壤有益微生物和土壤酶的活性、实现对作物的生理性病害和土传病害的有效控制，提高农产品的品质和风味，可替代农药和化肥，是生态和有机农业的首选物资。

四、利用作物间化感作用减少生产投入

1. 利用化感在作物间、混、套作中的意义

植物的化感作用是广泛存在的，无论是粮食作物、园艺作物，还是经济作物或者饲料作物，作物之间都存在一定的化感作用。如：油菜植物花中含有的油菜素内酯被淋溶到土壤中，常常能对邻近或下茬作物产生有益生长的促进作用。番茄和黄瓜种在一起，会使黄瓜的开花率和结果率下降，研究表明，番茄的萜类挥发性化感物质对黄瓜有抑制作用。大豆和玉米的混作试验，发现其中一方的根系分泌物能促进另一方的离子吸收和积累，较单作增加1.5～7倍。科学地搭配种植，对作物进行间、混、套作，或轮作倒茬，可以充分将植物化感物质为其他作物或者下茬作物所用。

近年来化感物质的研究进一步促进了构建植物自身抗病、虫、草害的农林生态系统。在种植上采用轮作或间、混、套作等方式，以便充分利用不同作物之间的相生相克关系。化感作用是农作物释放到环境中的化感物质，在不同物种之间就会产生相生相克的关系。

2. 利用轮作、间作的化感作用抑制虫害

利用植物轮作的化感物质能够抑制食性专一和活动能力小的害虫，如大豆与禾谷类作物轮作能防治大豆食心虫，麦稻轮作能控制小麦吸浆虫，稻棉轮作可以减轻小地老虎、棉铃虫和棉红蜘蛛的危害。但不合理的轮作却会加重虫害。比如水稻与玉米轮作加重大螟的为害，大豆与高粱轮作加重小黑棕金龟子的为害。合理的间作套种，如高矮秆作物搭配，可改变通风透光条件，抑制喜湿或郁闭条件的黏虫、玉米螟等。但不合理的棉豆间作可能使先发生于豆株上的棉红蜘蛛转移到棉苗而加重危害。

3. 植物种间的相生相克关系

由于竞争关系产生的化感物质，对其他生物产生相生相克的作用。在作物栽培实践过程中，应充分考虑到不同作物之间的相生相克关系。根据其相生作用，可进行有益的作物之间的组合，促进作物的生长（表 5-4）。

表 5-4　作物之间的相生相克关系

名称	具有相生关系的作物	具有相克关系的作物
芦笋	番茄、香菜、旱金莲、罗勒、矮牵牛	洋葱、大蒜、马铃薯
矮生豆类	马铃薯、黄瓜、玉米、草莓、胡萝卜、芹菜、甜菜、牛皮菜、花菜、甘蓝、茄子、生菜、向日葵、其他豆类、夏香、薄荷、艾菊、万寿菊、迷迭香	葱科作物、大头菜、茴香、罗勒
蔓生豆类	玉米、芜菁、花菜、黄瓜、胡萝卜、牛皮菜、茄子、生菜、其他豆类、马铃薯、草莓、夏香、薄荷、艾菊、万寿菊、迷迭香	葱科作物、甜菜、大头菜、向日葵、甘蓝、茴香、罗勒
豌豆	胡萝卜、白萝卜、黄瓜、玉米、芹菜、菊苣、豆类、茄子、香菜、菠菜、草莓、青椒、夏香、薄荷、万寿菊、矮牵牛	葱科作物、马铃薯、剑兰
甜菜	矮生豆类、利马豆、十字花科、生菜、葱科、鼠尾草	芥菜、红花、菜豆
菠菜	草莓、蚕豆、芹菜、玉米、茄子、花菜	—

续表 5-4

名称	具有相生关系的作物	具有相克关系的作物
十字花科	芜菁、芹菜、甜菜、葱科、菠菜、牛皮菜、矮生豆类、胡萝卜、黄瓜、生菜、芳香草药、洋甘菊、旱金莲、莳萝、牛漆草、天竺葵、薄荷、万寿菊	草莓、蔓生豆类、番茄、芸香
芜菁	生菜、豆科、甜菜、胡萝卜、瓜类、菠菜、欧防风、细叶芹、生菜、旱金莲	牛漆草
胡萝卜	豌豆、生菜、番茄、豆类、甘蓝、芜菁、迷迭香、鼠尾草、麻	芹菜、欧防风、莳萝
香菜	芦笋、番茄、辣椒	莳萝
生菜	胡萝卜、芜菁、草莓、黄瓜、葱科	
芹菜	葱科作物、十字花科作物、番茄、矮生豆类、旱金莲	胡萝卜、欧防风、香菜、莳萝
葱科作物	甜菜、生菜、十字花科作物、芹菜、黄瓜、欧防风、辣椒、青椒、菠菜、瓜类、番茄、草莓、夏香、薄荷、洋甘菊、莳萝	豆类、芦笋、鼠尾草
玉米	豆类、马铃薯、瓜类、甜菜、甘蓝、香菜、芜菁、天竺葵、莳萝、苋菜	番茄
黄瓜	豆类、玉米、向日葵、芜菁、十字花科、茄子、生菜、葱科、番茄、甜菜、胡萝卜、辣椒、莳萝、旱金莲、迷迭香、夏香、薄荷、玻璃苣、洋甘菊、艾菊	马铃薯、芳香草药

续表 5-4

名称	具有相生关系的作物	具有相克关系的作物
南瓜	玉米、葱科、芜菁、辣椒、万寿菊、旱金莲、琉璃苣、牛至、艾菊	马铃薯
西瓜	玉米、芜菁、南瓜、辣椒、万寿菊、旱金莲、玻璃苣、牛至、艾菊	马铃薯
茄子	豆类、青椒、辣椒、马铃薯、菠菜、万寿菊、薄荷	茴香、烟草
番茄	葱科、芦笋、胡萝卜、香菜、芹菜、黄瓜、生菜、矮生豆类、辣椒、青椒、辣根、矮牵牛、万寿菊、旱金莲、罗勒、薄荷、香蜂草、琉璃苣	马铃薯、十字花科作物、玉米、蔓生豆类、烟草、茴香、莳萝
甜辣椒	葱、番茄、黄瓜、茄、秋葵、牛皮菜、南瓜、香菜、罗勒、牛至、迷迭香、万寿菊	茴香、大头菜、烟草
马铃薯	豆类、玉米、十字花科作物、辣椒、胡萝卜、洋葱、芹菜、万寿菊、麻、野荨麻、芫荽	瓜类、番茄、向日葵、大头菜、白萝卜、欧防风、茴香、烟草
草莓	矮生豆类、生菜、葱科作物、芜菁、菠菜、琉璃苣、旱金莲、鼠尾草	甘蓝、马铃薯

第三节　生态农业技术体系

一、高产优质栽培四位一体技术

1. 生态农业高产优质栽培技术的整体思路

生态农业高产优质栽培技术的整体思路就是在生产中巧妙地

利用自然资源和源于自然的土壤有益微生物及其代谢产物，让碳源充足。方法是用秸秆、牛粪等有机物与富含非豆科固氮菌的有益微生物组合菌、土壤调理剂进行土壤有机物耕层发酵（也可用添加矿物质和有益菌的低温发酵有机肥）。解决作物碳饥饿等问题，为作物高产打下基础。给作物提供的氮源来自微生物固氮和有机物降解氮；让有益微生物推动物质和能量循环。为作物营造良好土壤环境，并均衡提供作物需要的矿物质，采用自然矿物进行煅烧改性的土壤调理剂。上述技术是从我国农耕文化中汲取精华，在总结农民经验基础上形成的，最终生产出产量高、品质优、有营养、耐储存、好吃不贵、让全世界的普通百姓都吃得起的优质农产品。

2. 生态农业高产优质栽培的四位一体技术细则

生态种植要实施“胁迫加营养”的有效管理，需要对作物的一个生长周期采用四位一体的管理技术：

①底肥施足。农作物秸秆自然成熟可保障当季农产品品质；鲜秸秆营养丰富水分足，在微生物作用下秸秆能快速降解，可为下茬种植做底肥储备。在作物收获的同时将鲜秸秆粉碎后均匀撒开，并将矿物质肥料也均匀撒开，喷洒复合微生物菌剂和腐殖酸，深翻至25～30厘米土壤中。秸秆还田过程的施肥量约占全年固态肥料用量的2/3。（建议：耕翻时使用曾获国家科技进步二等奖的“全方位深松机”深松，有原位松土、蓄水保墒、排盐等功能。）

②基肥（也称种肥或口肥）。播种时使用经过充分发酵的有机肥、复合微生物菌肥、腐殖酸和矿物质肥，四者缺一不可，施入土壤。在旋耕（15厘米）后播种，施肥量约占全年固态肥料总量的1/3。

③种子处理。用营养拌种剂拌种，或喷在种子上拌匀，晾干后播种。拒绝用农药拌种。

④田间管理。采取胁迫加营养的做法：每一次间苗、铲、蹚、耘、剪枝、打杈、采摘等田间活动后，须紧跟一次对于作物的营养

液、腐殖酸类、中草药制剂和有益微生物菌剂的叶面喷洒，可起到外在补充、内在激活的作用。喷施时间在日落前效果好。

二、生态农业四位一体的应用案例

1. 充足的碳是高产的基础的案例

新绛农民段春龙是中国生态农业高产优质栽培技术的实践者，在他自家的 9 分地大棚中，连续多年使用大量秸秆、牛粪等有机物与富含非豆科固氮菌的有益菌加土壤调理剂进行耕层发酵，使有机种植的产量达到前所未有的高度，即连续 6 年种植番茄(克服了连作障碍)，每年种植两茬，每茬产量在 15 000 千克左右(图 5-5)。

图 5-5　新绛农民段春龙在他家的 9 分棚内讲他怎样种的西红柿

2. 生态农业作物关键生长期胁迫措施案例

作物的品质和风味物质的获得靠胁迫和营养，对于作物进行的胁迫越早越好。对作物不断地进行略带伤害性的胁迫，打开作物次生代谢程序，添加适当营养，形成作物品质与风味。种子的胁迫处理 新绛农民就是用这套技术生产出不用农药、耐储藏、口感醇厚的农产品。他们用胁迫训练种子，冬天的大棚种菜需把种子放入冰箱进行 2～3 小时的抗寒训练;夏天种菜需把种子放在阳光下暴晒 2～3 小时进行抗热训练。早期的胁迫训练加营养,提高作物的抗寒、抗热能力。

中国农科院的研究人员于 2013 年 8 月份访问新绛,当时是三伏天,气温高达 34℃,通常情况下,大棚的蔬菜早就拉秧了,而这个农户进行种子抗热训练过的大棚黄瓜还处于旺盛生长期(图 5-6),据生产者说黄瓜还能长一个半月。这件事说明对种子进行处理早期胁迫的生理意义。

图 5-6　新绛农民种子经抗热训练后在三伏天长势旺盛

3. 作物苗期的胁迫管理

有时农田里发生的故事含有很深刻的道理,比如说,羊啃麦苗也是胁迫。新绛农民王双喜麦田 2011 年 12 月浇水后封冻,后被本村王全着的羊啃了,要求赔偿,但王全着说:我家麦子年年在封冻后放羊去啃,将梢叶吃掉一些,多年来产量不比别人低,你家麦子需赔多少看明年减产再说。结果，王双喜小麦亩产达千斤，未啃地块才800斤左右。其实适当的啃食在某种意义上也是胁迫。传统农业中的滚石压麦防止冬前苗期过旺，是很有效的胁迫措施。

4. 用现代机械为作物进行早期胁迫案例

对玉米进行早期胁迫的机械——玉米割苗机是现代人的发明，河北廊坊苏宝剑是玉米割苗机发明人。苏宝剑发明这个机械这里还有个故事，20个世纪70年代末在他还当生产队长的时候，有一年春季在玉米小苗期遭了雹灾，他号召社员拿着剪刀到玉米地里，减掉被雹子砸倒了的小苗，结果那一年，他们队里的玉米获得丰收。

这件事对他有着挥之不去的记忆。他一直琢磨怎样用机械化的手段，实现对玉米小苗的有效割叶，以此来刺激玉米小苗的生长，增加玉米的抗逆性。几十年后，他发明了玉米割苗机。这一发明用现代人的眼光看，用机械化手段实现对作物进行早期胁迫。玉米割苗机的割苗时间，在玉米幼苗长到5～6片叶时进行。机械化设备的工作量300亩/天·台。割叶方法是把玉米苗在从根部起第一个叶片以上全部割掉。割叶的优势和效益，表现在抗倒伏、抗旱根系发达、减少虫害、增产20%～30%。此技术对我们的启示，就是现代农业如何用机械化手段来解决对农作物的早期胁迫管理的问题(图5-7)。

图5-7　玉米早期胁迫——玉米割苗机

5. 植物诱导剂(GPIT)的功能效果

产品用于农作物的浸种或拌种、移栽蘸根、苗期灌根、生长期作物表面喷洒等措施，就可以产生外在补充、内在激活作用。成功案例1999年那中元在昆明市官渡做百亩小麦连片做植物诱导剂的对比试验，对照组用农药三次白粉病仍严重，而植物诱导剂基本不见病株。还有在云南迪庆藏区海拔3 276米，玉米全生育期有效积温(生物完成某一发育期所需要的总热量)493℃，不到世界公认的一半；玉米苗期最低气温－5.4℃，用了植物诱导剂的玉米生长良好获每亩499千克产量。

2017年在内蒙古巴彦淖尔市临河播种的那氏超大穗“喜贫厌富”玉米，6月18日播种未使用农药、无土壤施肥、无除草剂从9～10月三次霜冻、10月8日中雪洗礼，玉米表现出耐瘠、高抗病害、抗冻害、高产、高抗红蜘蛛等病虫害(图5-8、图5-9)。

图5-8 技术发明人那中元先生2017年10月12日在刚下过雪的玉米地现场

图 5-9　内蒙古 2017 年玉米使用 GPIT 技术在受到多次冷害后挖出的根系

用植物诱导剂与地力旺菌肥等综合技术，用低浓度植物诱导剂的水溶液灌根，对作物进行早期胁迫，促进作物根系的生长。农民用 50 克植物诱导剂加 75 千克水（喷雾器 5 背壶）灌根 1 800～2 000 棵蔬菜苗（2～3 厘米），番茄的根系扎得很深，西红柿的果实圆润，口感好。一生不用打化学农药（图 5-10）。

图 5-10　植物诱导剂的胁迫蹲苗促根壮苗作用

6.诱导胁迫使作物产生化感物质抑制害虫

①从山西新绛的小麦对比试验可以看出，采用生态有机种植模式小麦上看不到蚜虫（图 5-11）。植物次生代谢产物中含有多种防控病虫害的物质，栽培过程中人为胁迫加上营养，就能让植物抗病虫害无须打药。

A.化肥农药种植蚜虫严重

B.生态有机种植无蚜虫

图 5-11　山西新绛县小麦不同种植模式

（2017.5.13 光立虎）

②北京顺义有一家生态农业企业，连续十几年种植大棚蔬菜。他们按照生态循环经济的原理，在管理上用胁迫开启植物的次生代谢，用土壤调理剂和植物源的氨基酸液肥等营养使次生代谢正常运转，没有用过农药、化肥、激素和除草剂等，蔬菜上产生大量化感物质，从而不招虫不生病，十几年从未用过粘虫板（图 5-12）。

图 5-12　北京顺义区某蔬菜生产基地十几年大棚内不用挂黏虫板

7. 适当地调整土壤的 pH 可提高营养元素的有效性

土壤的 pH 下降，直接影响到土壤中的植物所需要的元素活性，当 pH 在 6.5～7.5 之间时，土壤中营养元素的有效性最强。当土壤的 pH 降到 6～6.5 之间，土壤中的磷、镁、铁、钼的有效性就大打折扣了（图 5-13）。

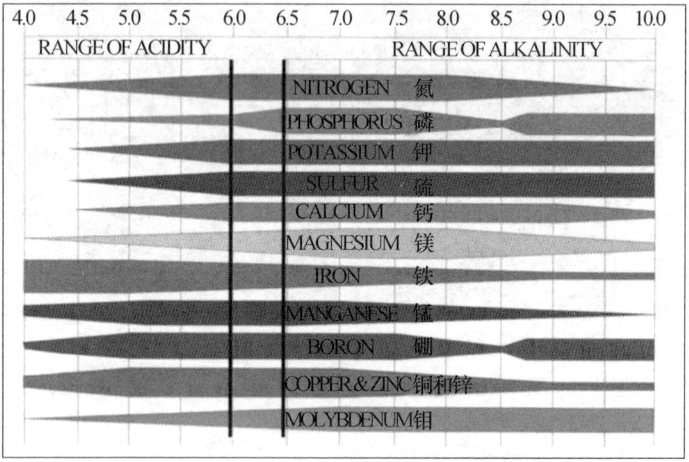

图 5-13　土壤 pH 下降影响营养元素的有效性

高浓度速效化肥中的阳离子与土壤颗粒快速结合的同时，还余下过多的阴离子如碳酸根 CO_3^{2-}、氯离子 Cl^-、硫酸根 SO_4^{2-}、亚硫酸根 SO_3^{2-}、磷酸根 PO_4^{3-}、磷酸氢根 HPO_4^{2-}、磷酸二氢根 $H_2PO_4^{1-}$、硝酸根 NO_3^- 使土壤酸化。速效化肥是造成土壤酸化的主要原因。

8. 充足矿物质元素也使有益微生物活跃

土壤有益微生物的生存需要吸收土壤中的碳和其他矿物质，几十年的化学农业跳过给土壤添加富含矿物质的肥料，直接往土壤里添加氮肥。这样就会最终导致农产品和土地急剧缺乏矿物质，土壤中的矿物质被耗竭。增施矿物质肥使土壤有益微生物有饭吃，微生物的代谢产物中含有大量经过微生物分解的活化矿物质，这种状态的矿物质才能被植物吸收。研究表明，增加矿物质可以让土壤中微生物数量每 28 分钟翻一番，数周内就繁殖数以百万计的微生物。

三、生态种植一线农民实际操作经验

1. 用水来调节冬季地温使植物对抗寒冷

用水调节地温是北方大棚冬季能否种植蔬菜的关键。山东寿光市韩成龙的经验是，北方大棚一定要在上冻之前浇一次透水，这样整个大棚土壤就形成了一个热的良导体，等棚外大地上冻之后，地下深层的地热就沿着浇透水的大棚土地往上传递，这样可维持大棚地温在十几摄氏度，可以使植物根系在能够容忍的低温下生长。

2. 生态种植一线农民经验汇编

为了让生产者更好地掌握这套技术，我们把一线农民在生产中的宝贵经验汇集起来做成表格，以便于查阅(表 5-5)。

表 5-5　生态农业实际操作经验案例汇总表

技术传授		材料	方法	作用
光立虎	壮苗 123	一两氨基酸液肥、二两有益菌微生物菌剂、三两红糖用一背壶水稀释。进行叶面喷洒。喷洒时间最好在下午日落前后	喷洒的间隔时间 10 天，需要看苗的长势增减次数	可在各种作物小苗期间的使用，起到壮苗作用

续表 5-5

技术传授		材料	方法	作用
韩成龙	苗期生根防病	用谷康 100 斤＋玉米面 100 斤＋地力旺 3 斤，再用全元矿物质肥 200 斤，进行充分混拌。自然堆制发酵 2 周后使用	在种植前施入土壤中	防虫害、作物苗期的生根和生长后期对控制病毒效果好
韩成龙	黄秋葵壮苗技术	用 50 克那氏 778 加 500 毫升开水泡，溶化 3 天后用 7.5 背壶水（大约 220 斤）灌 2 000 棵苗。1～2 天后再用地力旺菌剂 5 升稀释后灌 2 000 棵苗上	用不同的物料稀释后灌小苗两次，第一次长到 2 厘米左右，第二次灌苗是在第一次的 1～2 天后进行	促进黄秋葵的壮苗、生根、正常开花结果
韩成龙	花生控制旺长	①那氏 778 加 750 倍水＋黄腐酸钾（12%）6～8 克。②地力旺 100 克＋氨基酸 50 克＋黄腐酸钾（12%）6～8 克（根据苗情）	小苗长到 15 厘米喷第一遍。5～6 天后再喷第 2 个配方	促进花生生根、开花和结果
光立虎	防控根节线虫	①地力旺生物菌＋玉米＋稻壳（小米糠）。②或者 150 斤稻壳（100 斤小米糠）＋50 斤玉米。将上述物料粉碎，再加上 1 千克地力旺发酵	防治方法：两种配料可以选择：发酵方法：将上述物质堆放在一起，加水量在见干见湿就可以，3 天之后分两次随灌水使用	根节线虫易发生在 pH4.8～5.5、鸡粪多易发生。此法防治根节线虫效果显著

续表 5-5

技术传授		材料	方法	作用
光立虎	治理辣椒白粉虱	①地力旺100毫升，红糖100克，氨基酸100毫升加水30斤喷施两次。②地力旺—氨基酸—大蒜油加水30斤后喷洒。③磷酸二氢钾70毫升，可乐1瓶(500毫升)加30斤水	叶面喷施，上述三种配料方法均在搅拌后立即使用。喷洒时间7天一次中午过后喷	保证两个月没有白粉虱
光立虎	辣椒疫病防治	①大量有机肥15～18方牛粪加秸秆1 000千克，土壤调理剂150千克，地力旺2千克。②地力旺200毫升、红糖100克，一桶水加地力旺200毫升	①是用于底肥，从土壤培肥和改变微生物区系做起，比较容易根治。②用于追肥，6天一次，连续喷三次	辣椒疫病防治方法
光立虎	小麦冻害	用一亩地用2～3千克地力旺稀释到500倍液喷施	用此方法可以缓解小麦受冻害的程度	防治和缓解小麦冻害

3. 可用于生态农业的生物或矿物药物

一旦发生了病虫草害，生态农业也不主张使用化学农药和除草剂，而是用生物的、矿物性的、纯物理方法防治措施，起到外在治疗和内在激活农作物自身免疫力的作用。可用于生态农业的生物或矿物药物如下表(表5-6)。

表 5-6 可用于生态有机种植的生物/矿物药物

类别	名称和组分	使用条件
Ⅰ.植物和动物来源	楝素(苦楝、印楝等提取物)	杀虫剂
	天然除虫菊素(除虫菊科植物提取液)	杀虫剂
	苦参碱及氧化苦参碱(提取物)	杀虫剂
	鱼藤酮类(如毛鱼藤)	杀虫剂
	蛇床子素(蛇床子提取物)	杀虫、杀菌剂
	小檗碱(黄连、黄柏等提取物)	杀菌剂
	大黄素甲醚(大黄、虎杖等提取物)	杀菌剂
	植物油(如薄荷油、松树油、香菜油)	杀虫剂、杀螨剂、杀真菌剂、发芽抑制剂
	寡聚糖(甲壳素)	杀菌剂、植物生长调节剂
	天然诱集和杀线虫剂(如万寿菊、孔雀草、芥子油)	杀线虫剂
	天然酸(如食醋、木醋和竹醋)	杀菌剂
	菇类蛋白多糖(蘑菇提取物)	杀菌剂
	水解蛋白质	引诱剂,只在批准使用的条件
	牛奶	杀菌剂
	蜂蜡	用于嫁接和修剪
	蜂胶	杀菌剂
	明胶	杀虫剂
	卵磷脂	杀真菌剂
	趋避作用的植物提取物(大蒜、薄荷、辣椒、花椒、薰衣草、柴胡、艾草)	趋避剂
	昆虫天敌(如赤眼蜂、瓢虫、草蛉)	控制虫害

续表 5-6

类别	名称和组分	使用条件
Ⅱ.矿物来源	铜盐(如硫酸铜、氢氧化铜、氯氧化铜、辛酸铜等)	杀真菌剂,防止过量施用而引起铜的污染
	石硫合剂(由生石灰、硫黄加水熬制)	杀真菌剂、杀虫剂、杀螨剂
	波尔多液(硫酸铜)	杀真菌剂,每年每公顷铜的最大使用量不超过 6 千克
	氢氧化钙(石灰水)	杀真菌剂、杀虫剂
	硫黄	杀真菌剂、杀螨剂、趋避剂
	高锰酸钾	杀真菌剂、杀细菌剂;仅用于果树和葡萄
	碳酸氢钾	杀真菌剂
	石蜡油	杀虫剂、杀螨剂
	氯化钙	用于治疗缺钙症
	硅藻土	杀虫剂
	黏土(如斑脱土、珍珠岩、蛭石、沸石等)	杀虫剂
	硅酸盐(硅酸钠、石英)	趋避剂
	硫酸铁(3 价铁离子)	杀软体动物剂
Ⅲ.微生物来源	真菌及真菌提取物(如白僵菌、轮枝菌、木霉菌等)	杀虫、杀菌、除草剂
	苏云金芽孢杆菌、枯草芽孢杆菌、蜡质芽孢杆菌、地衣芽孢杆菌、荧光假单胞杆菌的提取物	杀虫、杀菌剂、除草剂
	病毒及病毒提取物(如核型多角体病毒、颗粒体病毒等)	杀虫剂

续表 5-6

类别	名称和组分	使用条件
Ⅳ.其他	氢氧化钙	杀真菌剂
	二氧化碳	杀虫剂,用于储存设施
	乙醇	杀菌剂
	海盐和盐水	杀菌剂,仅用于种子处理,尤其稻谷种子
	明矾	杀菌剂
	软皂(钾肥皂)	杀虫剂
	乙烯	香蕉、猕猴桃、柿子催熟,菠萝促进开花,抑制马铃薯和洋葱萌发
	石英砂	杀真菌剂、杀螨剂、驱避剂
	昆虫性外激素	仅用于诱捕器和散发皿内
	磷酸氢二铵	引诱剂,只限用于诱捕器
物理措施	色彩诱器、机械诱捕器)覆盖物(网)	—

4. 矿物质肥料的国家标准

天然矿物质肥料是有机农业不可或缺的重要物资。有机种植中作物生长必需元素除碳、氢、氧、氮外的补充均可来自天然矿物质,天然矿物质中还含有对植物生长的有益元素和生命元素(表 5-7)。

表 5-7　国家标准 GB/T 196030. 1—2011

物质名称	使用条件
磷矿石	用天然物理方法获得，五氧化二磷中镉含量小于等于 90 毫克/千克
钾矿粉	物理方法获得的，不能通过化学方法浓缩。氯的含量少于 60%
硼酸岩	—
微量元素	天然物质或来自未经化学处理、未添加化学合成物质
镁矿粉	天然物质或来自未经化学处理、未添加化学合成物质
天然硫黄	—
石灰石、石膏和白垩	天然物质或来自未经化学处理、未添加化学合成物质
黏土(如珍珠岩、蛭石)	天然物质或来自未经化学处理、未添加化学合成物质
氯化钙、氯化钠	—
窑灰	未经化学处理、未添加化学合成物质
钙镁改良剂	—
泻盐类(含水硫酸岩)	—

第四节　高产优质栽培技术实施规程

一、水稻生态有机高产优质生产技术规程

1. 种子前处理和育苗期间的早期胁迫

水稻选种杜绝转基因品种，选适合当地气侯和条件的多抗高

产优质品种。晒种 2～3 天。拌种用植物诱导剂("那氏 778")或地力旺益生菌按说明使用,亦可用生石灰,10 斤凉水 2 两生石灰,8 斤稻种往里兑,水上薄膜保护好,杀菌效果会提高,浸 3 天。豫北地区育秧在每年 5 月 1 日前后,育秧畦面撒种量每平方米 50～70 克,轻抿轻压露半谷,盖上过筛细粪土。用薄膜覆盖小苗长到 3～4 叶时及时揭膜。秧龄的头 10 天怕淹,后 10 天怕窜,中间 15 天怕干。湿润间歇灌溉,达到干不裂缝、湿不积水。人为胁迫就是喷高浓度那氏 778 加益生菌加氨基酸营养液,可起到控上促下的作用。秧高 6～7 寸 7 片叶 10 条白根,秧苗墩实不起身,茎基扁粗带分蘖,叶片青秀不披叶。

2. 适当的底肥和水分管理为次生代谢的运行打好基础

秧田和大田都需要全营养,施腐熟发酵的羊粪或牛粪 3 方,施钙镁磷肥 50 千克,施硫酸钾 25 千克,施土壤调理剂 25 千克,喷地力旺益生菌 5 千克,然后旋耕。采用干湿交替进行水分的胁迫管理,先要大水泡田,薄水插秧,深水返青,露泥分蘖。前期不宜灌深水,中期不能常有水,后期不能早断水。栽后 5 天要断水 3 天,让泥浆下沉,控水供气。水稻不能一路黑,三黑三黄属特色。

3. 胁迫加营养是形成水稻抗性和品质的条件

移栽本身就是对作物的胁迫,插秧的疏密取决于薄地稠、肥地稀、晚栽稠、早栽稀、弱秧稠、壮秧稀。还要看品种,分蘖力强宜栽稀、分蘖力弱宜栽密,株距密行距宽行便于通风。用胁迫加营养处理的目标是要壮根、蹲节、催穗、护叶,采用随水冲施地力旺益生菌每亩 5 千克,还要交替着进行叶面喷施益生菌、氨基酸、那氏 778、腐殖酸钾等肥料,起到外在补充和内在激活的作用。豫北地区 7 月下旬水稻从营养生长向生殖生长的转移时期,要重晒田进行人工协迫,此时出现倒三叶伸长叶色略黄属于常态,叶上卷也不会影响产量。水稻全生育期采用胁迫加营养的管理,不用化肥农药、除草剂和激素，常规粳稻产量可达625千克/亩。

二、冬小麦生态有机高产优质生产技术规程

1.豫北地区冬小麦生态有机高产优质种植技术规程

①冬小麦种子播种前的胁迫处理。提前2～3天晒种，播种前用地力旺拌种剂200克加水2斤搅匀拌种，闷种2～3小时，免晒，凉干。

②重施深施底肥和水分管理为次生代谢的运行打好基础。冬小麦前茬玉米，在玉米收割后秸秆粉碎，每亩施发酵好的羊粪3～4方施菜籽饼60千克，施钙镁磷肥50千克，施地力旺土壤调理剂25千克，随后即用地力旺益生菌5千克加水30～50升均匀喷湿地表即深犁细耙。

③生长期间的胁迫加营养是形成小麦抗性和品质的条件

a)越冬前的胁迫＋营养管理。一般10月中旬播种，7～8日全苗。冬小麦幼苗初期，为控旺长用高浓度混合液(每亩用“那氏778”原液250克＋地力旺益生菌250克＋兑水30千克)下午4点后喷施一次。可起到控上促下的作用。第二次胁迫在8～10天后，人工深锄断根控旺长，既除草又保墒。墒情适中可不浇封冻水。

b)返青期的胁迫＋营养管理。冬小麦开春后(大约2月下旬)返青期进行一次叶面喷施复合营养液(每亩用“那氏778”原液200克＋益生菌500克＋氨基酸营养液250克＋磷酸二氢钾100克)。同时进行一次浅锄断表层根胁迫，控春季无效分蘖，结合人工拔草。

c)起身到成熟期的胁迫＋营养管理。清明节前后浇拔节水，同时冲施地力旺益生菌5千克/亩，随后进行叶面喷施复合营养液(每亩用益生菌100克＋氨基酸200克＋食用红糖300克＋磷酸二氢钾150克＋兑水30千克)。4月下旬，浇一次水随水冲施地力旺益生菌5千克/亩。随后每亩喷施复合营养液(每亩用“那氏

778”原液150克+益生菌250克+氨基酸300克+磷酸二氢钾150克+兑水30千克)。请注意此时用的“那氏778”不可高浓度,否则抑制生长。5月上中旬可观叶色凭经验,上述配方可补喷一次。此时扬花结束刚开始灌浆。

d)用营养加胁迫的四位一体技术效果。全程不施化肥,农药,激素和除草剂。由于生理调节,自然胁迫和人为胁迫,后期麦叶绿中带黄,既不贪青,也不早衰,对往年易发的白粉病、纹枯病、锈病都没发生,穗蚜极少没形成危害。经县科协组织人测产,测产结果634千克/亩。

2. 西北地区冬小麦生态有机高产优质种植技术规程

①冬小麦种子播种前的胁迫处理 浸种用100毫升“那氏778”+100毫升热水,混后水温控制在45～50℃,倒入10千克麦种,再加入200毫升“地力旺”拌种剂,搅拌均匀,浸泡8～10小时,摊开晾干待播。适当减少播种量。施用上述投入品,以及用微生物菌剂和“那氏778”浸种,增加分蘖的作用明显,故要减少播量,一般较当地常规种植减少播量20%～30%,亩播量7～10千克,宁少毋多。另外,因浸种后种子发胀,播种机播种时需调大子眼20%左右。总之,减少播量,避免冬前发旺。因其他影响推迟播期的,则要适当增加播量。

②重施深施底肥结合水分管理为次生代谢的运行打基础

a)有水浇条件田。小麦的前茬是玉米,可在收获玉米时趁绿粉碎秸秆还田,均匀撒施农家肥2 000～3 000千克/亩,或蚯蚓有机肥1 000千克/亩,矿物质肥和钙镁磷肥各50千克/亩,罗布泊钾肥15千克/亩,深翻整地,上虚下实。7～10天后播种。小麦前茬是其他作物,在农作物收获后亩撒施腐熟农家肥3 000～5 000千克/亩,或蚯蚓有机肥1 000千克/亩,矿物质肥和钙镁磷肥各50千克/亩,罗布泊钾肥15千克/亩。前茬是空茬田需要撒施地力旺固体菌 100 千克/亩、矿物质肥和钙镁磷肥各 50 千克/亩，罗布泊钾肥 20 千克/亩，撒匀、深翻、整地、播种。

b)无水浇条件田。要根据夏季降水情况复种夏闲豆科绿肥，或者复种黑豆黄豆等养地，秸秆还田的同时再撒施腐熟好的农家肥 3 000～5 000 千克/亩，或蚯蚓有机肥 1 000 千克/亩，地力旺固体菌 20 千克/亩，矿物质肥和钙镁磷肥各 50 千克/亩，罗布泊钾肥 15 千克/亩，全地撒匀，深翻、整地，播种。

③生长期间的胁迫加营养是形成小麦抗性和品质的条件

a)越冬前的胁迫＋营养管理。结合冬春灌溉冲施地力旺液体菌 1 次，每次 2 千克/亩。

b)返青后的胁迫＋营养管理。拔节期亩用“那氏 778”和地力旺菌剂各 250 毫升＋苦参碱(根据有效成分含量浓度确定用量)＋益微复合菌粉 100 克，兑水 50 千克喷施。

c)孕穗期的胁迫＋营养管理。孕穗期 150 毫升“那氏 778”＋地力旺液体菌 250 毫升＋苦参碱(根据有效成分含量浓度确定用量)＋益微菌粉 50 克，兑水 50 千克喷施。

三、苹果生态有机优质高产种植技术规程

1. 环境条件

果园大气、土壤和灌水质量要分别符合《保护农作物的大气污染物最高允许浓度 GB 9137—88》《土壤环境质量标准 GB 15618—1995》《农田灌溉水质标准 GB 5084—92》的要求。基地田块要相对集中连片，其附近农业生态环境良好(远离化工厂、水泥厂、石灰厂、矿厂、交通要道、养殖场、居民居住区等)，有机果园四周不得有常绿树木越冬。土层较深厚，土壤有机质含量较高，无水土流失等。

2. 新园建设

在前 2 年未使用过化学投入品，或者自建园时开始进行转换。选用适宜当地栽培的有机苗木，或未用禁用物品处理、非转基因的常规苗木。栽前进行土壤改良培肥，亩用 10 000 千克充分腐熟的有机肥或 3 000 千克蚯蚓有机肥＋300 千克钙镁磷肥＋300 千克矿物质肥，与挖出的土混匀，回填栽植坑/沟，灌水沉实。树苗栽植时用地力旺液体菌 50 倍＋“那氏 778” 100 倍混合液蘸根处理。

老园改造 已成龄园 3 年内未使用禁用化学投入品，或自改造时起进行 36 个月转换。为适应有机栽培要求，按照“稀高草”技术要求进行间伐、提干、修剪，种草与生草相结合，改良培肥土壤。

3. 休眠期的管理

间伐，提干，整枝，刮老翘皮，清园（将清理的枝柴、树皮、落叶移出，粉碎，与其他有机物一起用微生物发酵处理），涂白。3～4 月份喷 1～2 次 5 波美度石硫合剂。距地面 20～30 cm 处涂一宽为 10 cm 左右的粘虫胶环状胶带。秋季未施基肥者此时应抓紧时间补施基肥，亩施充分腐熟的农家肥 5 000 千克，或者蚯蚓有机肥 2 000 千克，＋地力旺固体菌 100 千克＋钙镁磷肥 100 千克＋矿物质肥 100 千克，全园撒匀深翻。未种草果园结合此次施基肥种植毛苕子或者箭舌豌豆。春施基肥和种草以刚化冻为宜，施基肥和种草时间早比晚好。

4. 花露红期的植保措施

刮治腐烂病斑，并用地力旺液体菌原液涂抹保护伤口，人工摘除白粉病梢和卷叶虫苞。主干涂粘虫胶：每亩放置黄板、蓝板诱虫板各 20 张，悬挂于树冠中间高度。每亩放置诱集金纹细蛾性诱剂 4～6 个。糖醋液诱杀金龟子。释放捕食螨、赤眼蜂等天敌。花芽膨大期，全园喷施 1 次 1～3 波美度石硫合剂或 45％石硫合剂晶体 40～60 倍液，也可选用益微复合微生物菌粉 500 倍＋苦参碱或除虫菊素(有机专用,喷施浓度按说明配制)＋“那氏 778”200 倍,人工摘除白粉病梢和卷叶虫苞。补充营养,提高座果率 亩用地力旺液体菌 10 千克＋“那氏 778”3 千克,兑水配成混合液,冲施或施肥枪注施。地上喷施地力旺液体菌 100 倍＋“那氏 778”200 倍混合液。

5. 谢花后－套袋前期

a)疏果。谢花后 7～10 天开始疏果,20 天内疏完,留果间距一般为 20～30 厘米(目标产量 2 500～3 000 千克)。

b)病虫害防治。在释放赤眼蜂、捕食螨,开启杀虫灯,安放黏虫板、性诱器、粘虫胶、糖醋液、人工捕捉等措施的基础上,针对腐烂病、早期落叶病、轮纹病、红蜘蛛叶螨、蚜虫、桃小食心虫、卷叶蛾等,用益微菌粉 500 倍＋苦参碱或除虫菊素(有机专用,喷施浓度按说明配制)＋“那氏 778”的 200 倍混合液防治。先用少量水稀释成母液后再倒入药桶(池),混药顺序为先兑杀菌剂,再兑杀虫剂,最后兑叶面营养剂;用雾化好的喷头,并远离果面,打一次药换一次喷片。

c)套袋。套袋时间为定果后 10～15 天(5 月下旬至 6 月上中旬)。在落花后到套袋前应连续喷喷 2～3 次 400 倍农抗 120 等生物制剂预防果实黑点病。纸袋选用符合标准的双层袋最好,外层袋外表为蓝灰色或新闻纸袋,里表为黑色;内层袋为蜡质红色袋。套袋时果实应置果袋中央,袋口必须密封,免伤果柄。早晨有露水或遇高温时不能套袋,确保打开纸袋下方通气孔。

6. 套袋后－摘袋前期

植保措施:针对褐斑病、落叶病、炭疽病与轮纹病及金纹细蛾、叶螨及蚧壳虫,兼治蚜虫、桃小食心虫及卷叶蛾等;在前述农业措施和物理措施的基础上,继续用益微菌粉 500 倍＋苦参碱或除虫菊素(有机专用,喷施浓度按说明配制)＋“那氏 778” 的 200 倍混合液防治。间隔10～15天一次，其中秋梢生长期，“那氏778”用60倍，以抑制秋梢生长。6～8月每月冲施或施肥枪注施1次地力旺液体菌＋腐殖酸钾或麦饭石钾各5千克。

7. 割草与种草

草高50厘米以上或影响果园作业时，割刈后覆于树盘或就地覆盖，在其上喷100倍地力旺液体菌促其快速腐烂。6月或7月时，中耕除去果园所有草，亩撒1～2千克甘蓝型油菜籽，防干旱、草荒。

8. 摘袋

套袋果实于成熟前20～30天摘除外袋(高海拔地区可迟几天)，外袋去后5～7天再摘去内袋。除袋最好选择阴天或晴天的早晨和傍晚。除袋后喷布1～2次益微菌粉500倍，防治果实病害。中熟品种果实成熟前10～15天，晚熟品种在20～30天，采取摘叶、转果、铺反光膜等措施，促进着色，提高果品品质。

9. 适时采收

中熟品种适宜采收期为9月下旬，中晚熟品种为9月底至10月初；晚熟品种为10月下旬，一般可分期采收2～3次，采后10天，再采下次。采摘时应带纯棉手套，分期分级采收，第一批先采树冠外围着色好、个大、果形正的果实；间隔3～5天后，再摘第二批、第三批，采果时要轻拿轻放严防人为损伤，尽量减少转箱、倒箱次数。分级包装严防二次污染，带纯棉手套一次分级，整齐分级包装、封箱前认真核对规格、数量、合格证、产品质量追溯卡、生产户(产品)编号，且随机抽样检测，经双方核对无误后，签字交接，当天采摘的果实当天入库保鲜，最终产品检测结果永久存档。

10. 采收后－落叶前

抓紧时间施基肥：于10月下旬至11月上旬亩施腐熟农家肥

或沼渣肥 5 000 千克，或蚯蚓有机肥 2 000 千克，加地力旺固体菌、矿物质肥和钙镁磷肥各 100 千克，全园撒匀深翻。

11. 烂果利用

无商品价值的果子，做果醋或苹果酵素。在苹果生长时期作为杀菌剂和营养剂使用。

四、冬枣生态有机高产优质种植技术规程

1. 环境条件

果园大气、土壤和灌水质量要分别符合《保护农作物的大气污染物最高允许浓度 GB 9137—88》《土壤环境质量标准 GB 15618—1995》《农田灌溉水质标准 GB 5084—92》的要求。基地田块要相对集中连片，其附近农业生态环境良好（远离化工厂、水泥厂、石灰厂、矿厂、交通要道、养殖场、居民居住区等），有机果园四周不得有常绿树木越冬。土层较深厚，土壤有机质含量较高，无水土流失等。

2. 秋施底肥

腐熟农家肥 5 000 千克或蚯蚓有机肥 2 000 千克＋地力旺固体菌 100 千克＋矿物肥 100 千克＋钙镁磷肥 100 千克。全园撒匀深翻。清园 越冬修剪后，最晚不迟于萌芽前 15 天，喷施 5 度石硫合剂。

3. 种植绿肥

土壤化冻即顶凌播种，亩播 5 千克毛苕子，播深 2～3 cm。草高 50 cm 左右影响田间作业时，在地上 5～10 cm 处割刈、覆盖树行，并在其上喷 100 倍地力旺液体菌促其快速腐烂。

4. 萌芽期

冲施或施肥枪注施：地力旺液体菌 5 千克＋“那氏 778”3 千

克。一周后喷施苦参碱(倍率参见说明书)一次。萌芽有 0.5 cm 时,喷施"那氏 778"150 毫升+洗衣粉 150 克/15 千克水。刮刀刮平树干,粘贴诱虫胶带。悬挂黄色诱虫板(每亩地 30 个/亩)。

5. 枣吊生长期

萌芽后第一月喷施"那氏 778"200 倍+益微菌粉 300 倍混合液+苦参碱(倍率参见说明书)一次。释放捕食螨。去掉诱虫胶带。

6. 花期前后

授粉前 20 天,"那氏 778"100 倍+益微菌粉 300 倍混合液+苦参碱(倍率参见说明书)一次。与叶面喷肥结合。

7. 种植绿肥

每年的 7 月份前割刈毛苕子并中耕,亩撒 1~2 千克甘蓝型油菜籽,盖薄土。草高时在地上 5~10 厘米处割刈、覆盖树行,喷菌。

8. 果实膨大期

亩追施罗布泊钾肥 50 千克,冲施地力旺液体菌 5 千克+腐殖酸钾或麦饭石钾 5 千克。"那氏 778"100 倍+益微菌粉 300 倍混合液+苦参碱(倍率参见说明书),与叶面喷肥结合,膨大期喷 3 次,间隔 20 天一次。棚内温度过高时候,采取遮光措施降低温度。

9. 果实白熟期

喷施"那氏 778"100 倍 +益微菌粉 300 倍混合液+苦参碱(倍率参见说明书)一次。与叶面喷肥结合。

10. 果实采收后

喷施"那氏 778"100 倍+益微菌粉 300 倍混合液+苦参碱(倍率参见说明书)一次。与叶面喷肥结合。

说明:自制有机肥如遇养殖场含水量过大的畜禽粪便,需加入同量碎秸秆或者干菇渣与粪便掺匀混合,以此增加通透性和调节水分，水分控制在50%～60%，加入适量发酵菌种，堆成1～2米高的粪堆，用塑料薄膜封闭发酵，待粪堆内温度达到50～60℃ 5～7天后，翻堆，再发酵。苦参碱可以与益微菌剂和植物诱导剂混用，但必须现配现用不要久置。凡是使用捕食螨的冬枣园不使用苦参碱。

五、猕猴桃生态有机高产优质种植技术规程

1月　整形修剪。整形修剪过程中将带病枝条修剪带出果园进行枝条粉碎，用微生物菌剂堆沤发酵。或与有机肥一起堆沤发酵。

2月　新建园栽植新苗，栽植密度为3米×4米。栽植前，用地力旺液体菌30倍＋"那氏778"100倍混合液对根系浸泡30分钟，浇完定植水后，用益微菌粉300倍液对植株进行喷雾杀菌。

3月　上年未来得及施基肥的果园抓紧时间补施基肥（参见11月的施肥方案），并及时种植豆科绿肥（箭舌豌豆15千克/亩，或者毛苕子5千克/亩，播深2～3厘米）。用播种机播种的出苗均匀，保证播种质量。草长到50～70厘米时割掉覆于树盘，并喷施菌剂促其腐烂。萌芽前冲施或施肥枪注施地力旺液体菌10千克＋"那氏778"3千克。

4月　及时安装黑光诱虫灯（每盏灯可控制15～20亩地范围）；不具备条件的及时配制悬挂糖醋液，选择颜色鲜亮（最好是红色）的敞口容器装2/3容器糖醋液对直翅目、鳞翅目、半翅目、鞘翅目昆虫进行诱杀；每周更换清理一次，对虫进行深埋处理。在4月20日之前喷施一次益微菌粉300倍＋"那氏778"200倍液。

5月　花期结束后一周内，喷施一次益微菌粉300倍＋"那氏778"200倍混合液。

6月　追施50千克氯化钾。喷施一次益微菌粉300倍＋"那

氏 778”200 倍混合液。

7 月 7 月 5～10 日之间，喷施一次益微菌粉 300 倍 ＋“那氏 778”200 倍混合液。利用墒情种植甘兰型油菜籽 2 千克/亩，先除草，后撒种，扫土覆盖。

8 月 观察果园红蜘蛛虫口基数，如果虫口基数大，单独用药一次，虫口基数小无须用药；用药方案：0.5%苦参碱 400 倍液＋3 000 倍有机硅单独喷雾一次。8 月中旬喷施一次益微菌粉 300 倍＋“那氏 778”200 倍混合液。

9 月 9 月 15 日前后喷施一次益微菌粉 300 倍 ＋“那氏 778”200 倍混合液。

10 月 收获的季节，不进行操作。

11 月 施基肥：每亩农家肥 5 000 千克，或者纯牛羊粪 2 000～3 000 千克，或蚯蚓有机肥 1 000～2 000 千克，生物钾 120 千克，钙镁磷 100 千克。全园撒匀，翻地深度 25～30 厘米。

12 月 灌溉封冻水。

六、红薯生态有机高产优质种植技术规程

1. 育苗施肥

育苗用生石灰处理苗床，充分腐熟牛马驴粪＋加酿热物铺底，摆好种薯后喷益微复合菌粉或解淀粉芽孢杆菌，再灌水。2 叶 1 心叶喷一次益微复合菌粉 300 倍＋“那氏 778”80 倍混合液。

2. 大田基肥

基肥腐熟农家肥 3 000～5 000 千克，或者蚯蚓有机肥 1 000 千克，＋矿物质肥 60～100 千克＋钙镁磷肥 50 千克＋地力旺固体菌 25 千克/亩。肥料撒匀深翻或者施在种植沟内，深翻地(25～30 厘米)、高起垄(垄高 25 厘米)。

3. 移栽定植水

每亩用 3 千克白僵菌+“那氏 778” 500 毫升+地力旺液体菌 2 000 毫升，随定植水一并灌入，每窝 0.5～1 千克。

4. 追肥

植株成活后，“那氏 778” 200 倍+“地力旺”液体菌 100 倍，喷施一次；茎叶旺长期，“那氏 778”60 倍+地力旺液体菌 100 倍喷施一次（控制旺长）；膨大期，“那氏 778” 100 倍+“地力旺”液体菌 100 倍喷施一次。有灌溉条件随水灌入亦可。

5. 转作倒茬

有机红薯前茬禾本科作物（小麦、玉米、谷子等）、豆科（各种豆子和花生）最佳。前茬收获后立即秸秆还田，种植越冬绿肥毛苕子。第二年春季 4 月底 5 月初施基肥结合翻压绿肥。

6. 田间管理

垄上覆黑地膜防草，人工除行间草。

7. 植物保护

集中连片地块，每 20 亩安装一个太阳能诱虫灯诱杀害虫。零碎地块用糖醋液诱杀，在金龟子和地老虎发生时，亩放置 6～10 个口径 20 厘米左右的红色小塑料桶盛糖醋液，高于地面 50 厘米左右，诱杀之。糖醋液的配方：红糖 1 份，醋 2 份，白酒 0.4 份，敌百虫 0.1 份，水 10 份。配制方法：先把红糖和水放在锅内煮沸，然后加入醋闭火放凉。再加入酒和敌百虫搅匀即成。益微复合菌粉或解淀粉芽孢杆菌或皮尔瑞俄防病。生长期的其他害虫可用苦参碱防虫。

七、莲藕生态有机高产优质种植技术规程

1. 藕田选择

种植浅水藕的田块以土质较为疏松、有机质含量丰富为宜，土

壤保水保肥力强，排灌方便，土壤 pH 在 5.6～7.5 之间，含盐量在 0.2%以下。如是重茬藕田，亩施 50～100 千克生石灰撒施深翻处理。

2. 优质藕种

选用高产、优质、抗病虫能力强和适应性强的品种。新鲜、完整无缺、具有 2 节以上、芽壮、无病虫害、后把粗短的大藕。种藕要新鲜。随挖、随选、随喷(喷 100 倍“那氏 778”处理藕种)、随栽，当天栽不完的应洒水覆盖保湿，以防芽头失水干萎。外地调运藕种从挖出到栽植，带泥覆草帘保湿，一般不要超过 5～6 天。

3. 种子处理

藕种处理　亩藕种用 1 000 毫升“那氏 778”，兑水 30～60 倍(以藕种均匀喷湿为宜)，随喷随栽。

毛苕子种子处理　每 25 千克毛苕种子，用“那氏 778”500 毫升，置于非金属容器中，加入 1～2 千克开水，待水温降到 45℃时，倒入种子，加入地力旺拌种剂 150 毫升，搅拌均匀闷种 24 小时，晾干播种。

4. 重施基肥

亩施充分腐熟的农家肥 3 000～5 000 千克，或蚯蚓有机肥 1 000 千克，矿物质肥 60 千克，地力旺固体菌 60 千克，钙镁磷肥 50 千克。撒匀深翻。追肥：6 月冲施地力旺液体菌 5 千克/亩；7 月冲施地力旺液体菌 5 千克＋罗布泊或盐湖氯化钾 15 千克/亩。

5. 适期种植

日平均气温稳定在 15℃以上的 4 月上旬种植浅水藕。早熟品种适当密植，中晚熟品种应适当稀植。

6. 水分管理

浅水藕的水分管理一般遵守由浅到深，再由深到浅的原则。

即定植后萌芽期田间保持3～5厘米的浅水层，最深不超过10厘米，以便使土壤和水层易于晒暖增温，促进种藕萌芽。当植株长出1～2片立叶后水位逐渐加深到20～30厘米，最深不得超过50厘米，以促进立叶生长，并抑制细小分枝发生。后期立叶满田，开始出现后栋叶时，表明地下茎开始结新藕，应在3～5天内把水位落浅到10～15厘米，最深不超过25厘米，结藕时水位不宜过深，以控制立叶生长，促进结藕。整个生长期内都要保持水位涨落缓和，不能猛涨猛落，时旱时涝，到新藕成熟时，水位应逐渐降至3～5厘米。

7. 中耕除草

出苗后开始中耕除草，不得使用化学除草剂，杂草应人工拔除，整个生长季除草3～5次，间隔10天左右，直到立叶封行为止，将拔除后的杂草埋入泥中作肥料。

8. 生态调控

经过藕肥水旱轮作、降低栽植密度、重施有机肥、固体菌和矿物质肥料等措施，会减轻莲藕多种病虫草害。

诱杀：太阳能诱虫灯和诱虫板诱杀多种害虫。

9. 药物防治

①早防病。连续降雨达到20毫米时，雨后即喷益微菌粉或者波尔多液（50升水，加硫酸铜250克，石灰500克）喷洒预防。

②早防虫。用1.3%苦参碱1 000～1 500倍＋有机硅2 000倍喷雾，防治多种害虫；每亩50克7%贝螺杀，加水1 000倍喷雾灭螺。

③控制水绵。加深水层会减少水绵。发生水绵时，在晴天用硫酸铜溶液浇泼，每7天一次，共2～3次。硫酸铜用量根据水深而定，每亩田的用量，按每10厘米水深0.5千克硫酸铜的用量计算。或亩用石膏2.5千克加水200升喷洒。或用0.5%硫酸铜在

青泥苔生长处局部喷杀。

10. 轮作倒茬

①腾地模式。秋季挖莲后抢种毛苕子(亩撒种子 4～5 千克),次年春栽莲前 10～15 天施基肥时一起翻压。

②不腾地模式。莲藕成熟后暂时不采挖,清除荷叶和荷秆,直接在莲藕田内配茬种植毛苕子。水旱轮作“莲菜＋绿肥”模式连作 2～3 年,轮作 2～3 年玉米、花生、大豆、西瓜、洋葱、葵花子、油菜等或旱生蔬菜。

11. 藕鱼混作

适宜的鱼类如黄鳝、泥鳅、鲫鱼、鲤鱼、鲇鱼、黑鱼等。藕田养鱼时,宜在藕田周围开挖宽 80 厘米、深 60 厘米的溜鱼沟或占地面积为田块面积的 2%～3%鱼溜(深 60～80 厘米),田块中间按“井”字形或“非”字形开挖宽 35 厘米、深 30 厘米的鱼沟。一般溜鱼沟或鱼溜和鱼沟,占田块面积的比例以 5%～10%为宜。每亩藕田内养鱼数量应视鱼的种类和鱼苗大小而定,如 10 厘米左右规格的鲤鱼可为 150 尾,25 克左右鲇鱼可放养 700 尾左右。养鱼时应适当投料。藕田养鱼,可有效改善田间生态环境,有利于减轻病虫害危害,综合效益明显。

八、葡萄生态有机高产优质种植技术规程

1. 改造复壮

建立好的果园环境、健康肥沃的土壤和健康的植株,就要从改造树体和改良土壤着手,提倡“稀高草”技术,即减少每亩株数,让树稀下来,以果树树冠下见光 30%～40%为好。一是结果第一枝位提高到 80 厘米以上,最好提高到 1 米,扩大树下空间。二是在保留果园杂草的基础上,每年秋天种植毛苕子,夏季种油菜作为绿

肥，这既增加了生物多样性，给害虫和天敌提供了栖息地，还保护了土壤，提高果园湿润度，降低酷夏时候的果园温度。

2. 基肥

普通农家肥 3 000～5 000 千克，或者蚯蚓有机肥 2 000 千克，加矿物质肥 100 千克，钙镁磷肥 100 千克，把这几种肥料均匀撒在地面上，深翻。如果没有农家肥或蚯蚓有机肥，亩用地力旺固体菌 400 千克，矿物质肥和钙镁磷肥用量同上。

3. 追肥

萌芽期亩用地力旺液体菌 10 千克＋“那氏 778”3 千克，兑水 200～300 倍用施肥枪追入。6～8 月份，每月追一次水溶肥，其配方是：地力旺液体菌＋腐殖酸钾（或者麦饭石钾）各 5 千克，兑水用施肥枪追入或随水冲施。

4. 种草

秋施基肥的同时亩种 5 千克毛苕子种子，条播或撒播，深 2～3 厘米。绿肥越冬，次年春季返青，生长到 50 厘米以上时，离地面 3～5 厘米处割掉，覆于树盘，并喷液体菌促其快速腐烂。可连续割刈 2～3 次。6～7 月中耕除草，然后亩撒甘蓝型油菜籽 1～2 千克，扫土覆盖。长到 50 厘米以上时割刈。

5. 防病

a）霜霉病在 6～8 月份开始发病，9～10 月份为发病盛期；白粉病发病期在 5～10 月前；褐斑病 5～6 月始发、7～9 月严重；黑腐病和黑痘病在幼稍和幼果时期发病；灰霉病在新稍时期发生；葡萄炭疽病在树势弱高温高湿时易发生；根癌病在冬季埋树时受伤引起。

b）复壮树势增强抗性。间伐提干去枝，地面至少有 30％～40％的地方照到阳光，通风，排水降湿；增施有机肥、矿物质肥和微生物肥料；果园种草，改善果园小生态环境。

c)预防为主防重于治

①冬季12月和元月各喷一次5波美度石硫合剂，杀灭大部分病菌；另外在病初发期喷布0.3～0.5波美度石硫合剂，连续喷2～3次，可以防治霜霉病、白粉病、褐斑病、黑腐病和黑痘病。

②未发病期间，每月喷施1～2次益微菌粉300～500倍＋"那氏778"100～200倍进行保护。

③叶面喷施比例是1∶0.7∶200（硫酸铜∶生石灰∶清水）的波尔多液2～3次，对防治葡萄霜霉病有特效。

④或用10升水＋木醋液40毫升＋米醋20毫升，2～3天一次，连续2～3次；10升水＋米醋50毫升，2～3天一次，连续2～3次，可以防治各种叶部果实病害。

⑤葡萄根癌病要减少树体受伤；所有树体伤口抹2次5波美度石硫合剂再埋土；做好排水设施，避免积水；减少氮素，减少挂果；通风透光；果园生草。或用100～200倍的益微菌粉＋100～200倍的"那氏778"＋100～200倍腐殖酸钾＋100～200倍的麦饭石钾灌根，并涂抹树干病部。

6. 防虫

葡萄的害虫主要有绿盲蝽、叶蝉、斑衣腊蝉、叶甲、卷叶象甲、吉丁甲、蓟马、白星花金龟子、康氏粉蚧、东方盔蚧、葡萄透翅蛾、葡萄虎天牛、螨类等。诱虫灯—频振式杀虫灯：利用害虫趋光的特性，引诱成虫扑灯。灯外配以频振式高压电网触杀，使害虫落入灯下的接虫袋内。可以诱杀金龟子、棉铃虫等成虫。诱虫板—带颜色的粘板：树上悬挂黄色和蓝色诱虫板各20～30张/亩，黄板可诱杀叶蝉、蚜虫等；蓝板可诱杀蓟马、种蝇等。性诱剂：利用昆虫的性信息素引诱异性昆虫进入诱捕器将其杀死。如使用性诱剂诱捕葡萄透翅蛾。

保护利用天敌和生物农药:植物源杀虫剂藜芦碱、复合烟碱、氧化内酯水剂(苦参碱)、天然除虫菊素(云菊)和复合楝素杀虫剂有较好的防治效果。根据产品说明使用。另外益微菌粉和“那氏778”对害虫也有一定的预防控制作用,这样就大大减少了害虫暴发和猖獗危害的概率,正常年份可能不需要药物防治,植物源农药、生物源农药和矿物源农药治虫慢,所以相对化学农药来说,用药要提前几天,治早治小。

第六章　扩展阅读

第一节　抵御逆境的植物细胞膜系统

一、植物的细胞生物学

自然界的生命进化过程赋予生命具有共同的特性：无论是从大肠杆菌到人类，还是从藻类到高等植物，表面千差万别，但它们存在共同点，即所有生命物体由细胞组成，细胞内含有水、无机盐、糖、脂、蛋白质、遗传信息物质 DNA 和能量转换机制。

细胞是生命的基本单元，单细胞是最简单的生命形式。高等生命则是由多细胞组成。它们是依赖于细胞与细胞之间，在时间和空间的结构与功能上，有着复杂而有序的相互作用，形成了很好的网络，由此展现出多姿多态的生命现象。

科学家研究的细胞，让我们认识到“在我们的世界里，没有一种物质的形式会比活细胞更让人感到惊讶，它微小、脆弱、复杂得不可思议，不断地重新构建，却至今仍在其遗传信息物质 DNA 中存储着可以追溯到 30 亿年前的信息(那时我们的星球刚刚从新生的太阳系的热物质中冷却下来)。进化过程不断地推动它的多样性、广谱性和适应性，同时却保留着一个复杂的自我复制的化学机器核心。”

所有生命细胞的基本功能都有着同样的规律，如：细胞内外的物质交换、遗传规律、能量交换、细胞对内外环境的感受与响应、细胞内的信号转导、细胞间的通信、细胞内各种内环境的稳定性、细胞运动等方面，有着相似的结构基础。很多生命过程都是在生物膜（包括细胞表面的质膜和各个细胞器的内膜）上进行。

1. 细胞的结构

每一个细胞中都有完整的结构，是由细胞壁、细胞膜、细胞质、细胞核等构成；细胞质内又分有叶绿体、高尔基体、线粒体、过氧化物酶体、液泡和内质网等亚细胞器（图 6-1），而质膜确定细胞的边界，是最重要的一种膜。植物每一个细胞都参与初生代谢和次生代谢。

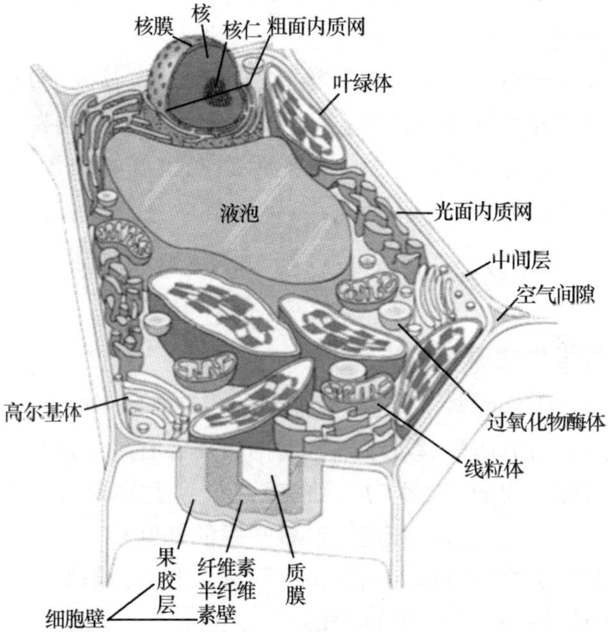

图 6-1　植物一个细胞内的亚细胞器和膜系统

2. 细胞壁的结构

提到植物的膜系统不得不首先提到细胞壁。因为细胞壁对细胞有保护和支撑作用，是细胞结构的第一道保护层。细胞壁又是新鲜水果和蔬菜的主要成分，是人类饮食中重要的必需膳食纤维素。

植物细胞壁的构造有 3 层，可分为胞间层（中层）、初生细胞壁、次生细胞壁。

①胞间层（中层）。是植物细胞刚分裂完成的子细胞之间，最先形成的间隔，主要成分是果胶质（果胶质是一种无定形胶质，使多细胞植物的相邻细胞彼此粘连）。

②初生细胞壁在胞间层。两侧形成，主要由多糖（果胶质、纤维素、半纤维素）占初生壁的 90%，蛋白质与酶类以及脂肪酸组成，占初生壁的 10%。

③次生细胞壁。主要由纤维素组成的纤维排列而成，如同一条的线以接近直角的方式排列，再以木质素等多糖类黏接。细胞壁中的蛋白含有四种：富羟脯氨酸糖蛋白、富脯氨酸蛋白、富甘氨酸蛋白和伸展蛋白。

二、细胞的生物膜系统

1. 细胞生物膜的组成

细胞是生命的基本单位，很多生命过程都是在生物膜上进行，包括细胞表面的质膜和各个细胞器的内膜都有生命过程的活动。

①细胞生物膜（被称为生物膜）组成。主要为磷脂双分子层（基本骨架）和蛋白质，另有糖蛋白（在膜的外侧）。

②细胞生物膜特点。细胞生物膜的主要成分磷脂和蛋白质具有运动的特性，有一定的流动性。

③细胞生物膜功能。细胞生物膜具有选择性和通透性用以保

护和控制细胞内外物质的进出。

④细胞生物膜的物质组成。各种膜基本相同（图 6-2）是由脂类（磷脂和胆固醇）（占 50%）、蛋白质（占 40%）和糖类（占 2%～10%）组成，细胞膜中还含有少量水分、无机盐与金属离子。

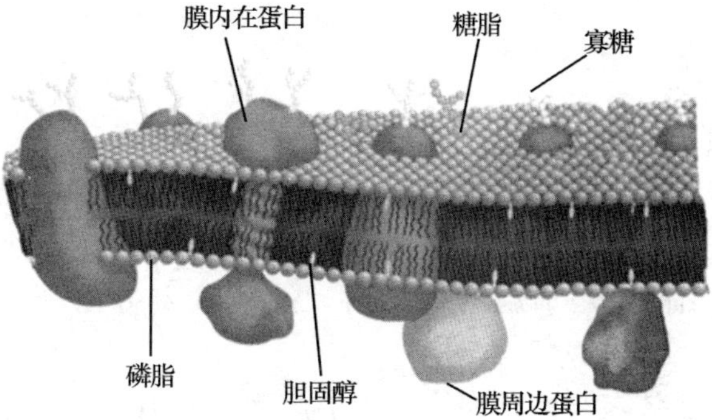

图 6-2　细胞的膜结构上的磷脂、蛋白质、胆固醇和糖类

2. 细胞内含多种生物膜

细胞膜、核膜及膜性细胞器（内质网、高尔基体、溶酶体等）的最里层的是两层核膜，联系细胞质膜和核膜的是布满细胞质的内质网膜，内质网膜内有多种单层膜的细胞器。植物细胞的各种膜有 10 种以上，即：

①质膜：是生命活动旺盛的部分最外部膜。

②核膜。

③内质网。

④线粒体膜（有内膜和外膜两层）。

⑤叶绿体被膜（有内膜和外膜两层）。

⑥高尔基体膜（分为顺面、中层、反面的膜）、高尔基反面管网/部分包被网状组织、网格蛋白和外层蛋白包被运输泡。

⑦内吞泡膜。

⑧内体小泡膜、液泡膜。

⑨过氧化物酶体膜、乙醛酸循环体膜。

⑩类囊体膜。

三、细胞生物膜的功能

1. 功能

①膜的分室作用。把细胞内部与外界环境隔离开，保持细胞内部环境的相对稳定，如 pH、电位、离子强度、物质种类及含量等。细胞膜把细胞内部分成许多微小的区域，形成具有特殊内部环境和功能的细胞器，细胞的生命活动才能按室分工，有条不紊地进行。

②膜系统参与的代谢。细胞的膜系统具有巨大的表面积，为细胞的生化反应和能量转换提供了场所。细胞内许多生化反应都是在膜上进行的，如膜酶的催化反应、光合作用的能量吸收和转换、呼吸作用的电子传递反应等。

③膜系统参与运输信号传递。作为膜组成成分的蛋白质承担了一系列功能：跨膜的分子运输和信号传递，酶促加工脂类分子，组装糖蛋白和多糖等，还为细胞质和细胞壁复合物之间提供联系。进行细胞间的信息交流。

④膜系统的特殊功能。细胞膜通过特殊功能来吸收和消化来自细胞膜外的物质，即胞饮作用、吞噬作用或胞吐作用。

⑤膜的完整复制功能。每一个植物细胞都有完整的膜系统，细胞从形成起细胞膜系统就必须保持其完整性，膜系统需要以具有功能活性的形式从一代细胞传到下一代细胞。膜遗传有以下原则：子细胞从母细胞遗传一整套膜系统，每个潜在的母细胞都有一套完整的膜系统，新的膜结构只能通过现有膜结构的分裂来产生。

2. 质膜的信号功能

①质膜确定细胞边界，是众多膜中最重要的一种膜，它是活细胞的最外层活性界面，产生和维持胞内胞外截然不同的电化学环境，它控制着分子进出细胞的转运、由胞外向胞内传递环境信号。质膜含有脂类、蛋白质和糖类，三者比例大约 40∶40∶20，参与细胞壁分子合成与组装，并为细胞骨架和胞外机制提供物理连接。

②质膜承担胞间的信息交流。质膜在细胞识别、信号传递、纤维素合成和微纤丝的组装等方面发挥重要作用。和内质网某些特定区域相连接的质膜形成胞间连丝，一种穿过细胞壁为相邻细胞提供直接通信通道的膜管。这种胞间连丝的连接，使得单个植株上几乎所有的活细胞共享一个连续的质膜。细胞间的信息交流是靠细胞分泌的次生代谢物质，即甾醇类信号物质来传递的，这些物质穿过细胞膜，与细胞核内或细胞质内的某些受体相结合，从而完成细胞间的信息交流。

3. 亚细胞器膜的功能

①线粒体（双层膜）。含少量 DNA。线粒体是细胞的能量工厂，以三磷酸腺苷（ATP）的形式供给生命所需的能量。是细胞器的呼吸装置并产生能量。

②叶绿体（双层膜）。含少量的 DNA。叶绿体是负责捕获能量绿色光合作用质体，只存在于植物的绿色细胞中。每个叶绿体的基粒表层是类囊体膜，类囊体和基质中含有与光合作用有关的酶，是光合作用的场所。

③内质网（单层膜）。是有机物的合成“车间”，蛋白质运输的通道。分粗面内质网和光面内质网，光面内质网合成大量次生代谢物质，如萜类、角质、蜡和黄酮类化合物。在内质网上合成两种重要的农产品：一种是植物油，另一种是蛋白。粗面内质网中合成球蛋白，然后通过高尔基体转运到储藏液泡中。

④高尔基体(单层膜)。植物中与有丝分裂细胞壁的形成有关。高尔基体的主要功能将内质网合成的蛋白质进行加工、对比、分类与包装,然后分门别类地送到细胞特定的部位或分泌到细胞外。参与组装细胞壁基质中的多糖,它是一个碳水化合物工厂。

⑤液泡(单层膜)。泡状结构,成熟的植物有大液泡。功能:储藏(营养、色素等)、保持细胞的膨胀形态,调节渗透吸水,使细胞保持一定的渗透压。液泡是多功能区室,通常占细胞体积的30%。液泡储藏多种物质,如无机离子、有机酸、糖类、酶类(几丁质酶、葡聚糖酶)、储藏蛋白和多种次生代谢产物(酚类化合物、生物碱、皂苷、含氰苷)。

⑥过氧化物酶体(单层膜)。过氧化物酶体是结构简单而功能多样的细胞器。在贮脂类种子萌发过程中,过氧化氢酶参与脂类动员。50种酶定位于植物的过氧化氢酶体中。过氧化氢酶存在于所有过氧化物酶体中,已经成为过氧化物酶体的标志性酶。叶片中的过氧化氢酶体和叶绿体及线粒体一起参与光呼吸。

4. 细胞核及核膜

细胞核是遗传物质DNA的储存和复制的主要场所,是细胞遗传特性和细胞代谢活动的控制中心。组成:核膜、核仁和染色质。

①核膜(双层膜)。有核孔(细胞核与细胞质之间的物质交换通道,RNA、蛋白质等大分子进出必须通过核孔)。

②核仁。在细胞有丝分裂周期性的消失(前期)和重建(末期)。

③染色质。由DNA和蛋白质组成,被碱性染料染成深色的物质,染色质和染色体是细胞中同一种物质,在不同时期的不同表现形态。

总而言之,细胞是生命的基本单位,需要膜结构来维持其存在。每一个细胞内的亚细胞器都有膜系统来保护其运行。细胞的膜结构必须完整，受损的膜系统必然导致细胞能量转化效率降低。保护细胞膜系统就是保护作物。栽培过程的管理就是对膜系统的维护。

第二节　农田系统的病虫草害综述

我国地域广阔、河流纵横、物种丰富、气候多样，造就了我国的生物的多样性，与此伴生的病、虫、草害的种类也繁多。下面从作物栽培角度汇总一下我国农田的病、虫、草害。

一、我国农田致病微生物种类

1. 真菌分类

自然界已知真菌超过 10 万种，对植物致病真菌约有 2 000 种。按照分类学的五个门真菌都有。涉及鞭毛菌亚门的壶菌目、水霉目、霜霉目；接合菌亚门的毛霉目；子囊菌亚门的外囊菌目、白粉菌目、小烟炱目、球壳目、多腔菌目、座囊菌目、格胞腔菌目、星裂盘菌目、柔膜菌目；担子菌亚门的锈菌目、黑粉菌目、胶膜菌目、非褶菌目；半知菌亚门的丝孢目、束梗孢目、瘤座孢目、无孢目、黑盘孢目、球壳孢目中的一些真菌。

2. 真菌致病原理

坏死营养型真菌分泌降解细胞壁的酶或毒素或同时分泌两者。每种毒素都有高度专一的作用方式，特异地使植物中某一种酶失活；活体营养型的真菌让植物细胞保持存活。真菌穿过细胞壁，形成吸器，使细胞质膜内陷。真菌吸器增加了两种生物表面间的接触，从而增大水分和养料的流动，促进真菌的生长；半活体营养型病原体最初采用活体营养方式，然后采用坏死营养方式。真菌生物量的增加，进而触发由活体营养方式向坏死营养方式转变，在感染晚期杀死植物。世界上最具破坏力的病原菌属这一类。

以马铃薯的晚疫病为例，这种病原体的半活营养的生活方式有利于它在 3 天之内从感染叶片发展形成孢子。在湿冷的天气条件下一片马铃薯地所有叶片会在两个星期内破坏殆尽(图 6-3)。

图 6-3　马铃薯的晚疫病半活营养方式危害巨大

3. 细菌分类与致病机理

自然界里导致植物患上细菌病害的有欧文氏菌属、假单胞杆菌属、黄单胞菌属、棒形杆菌属、土壤杆菌属、木质部菌属、短小杆菌属、节杆菌属、红球菌属，每个属下又有若干个种。细菌在寄生阶段一般生活在各种植物器官的细胞间隙，或者生活在木质部中。许多细菌在致病的某一阶段会分泌毒素、胞外多糖(EPS)或降解细胞壁的酶。

4. 病毒分类与致病机理

植物病毒有单链 DNA、双链 DNA、双链 RNA、单链负义 RNA 和单链正义 RNA 五大类群的 16 个科 49 属以及尚未归入科级阶元的24个属，还有一些尚未归入属级阶元的病毒。烟草脆裂病毒、烟草花叶病毒、马铃薯X病毒、马铃薯Y病毒、苜蓿花叶病毒组、花椰菜花叶病毒组等是人们熟知的一些病毒。科学界公认的定义是“只能在活着的宿主细胞内复制的感染源”，致病病毒是核酸物质，变种快且传播快。植物病毒通过胞间连丝和韧皮部移动。病毒感染的症状黄化(黄萎)或褐化(枯死)、花斑和发育迟缓。植物病毒都是活体营养型的。病毒致病不是由于消耗植物体内养分或通过毒素杀死细胞，而是利用细胞内物质进行增殖并占领整个植株。致病病毒对植物来说是灾难性的。

5. 其他类型的病原体

植物的寄生线虫有垫刃线虫目、滑刃线虫目、矛线线虫目等。寄生性高等植物包括菟丝子、列当、桑寄生、槲寄生等。

6. 葡萄的病害分析

1)霜霉病

症状：该病主要危害叶片、嫩梢和果实。叶片正面先出现不规则淡黄色小斑点，逐渐发展呈黄绿色斑块，边缘不明显；叶背面出现黄白色霉状物。最后感病处干枯卷曲坏死，呈淡褐色。果粒感病如被热水烫过一样。

发病规律：病原菌以卵孢子在葡萄病组织或落叶内越冬，6～8月份开始发病。9～10月份为发病盛期。秋季低温多雨更易引起本病流行，病菌在晚间比白天更易入侵。老叶较抗病，嫩叶易感病。氮素过多徒长和缺钙，果园地势低洼潮湿排水不畅，栽植过密和棚架过低，通风透光不良，寄主表面易结露，树势衰弱，均易于发病。

2)白粉病

症状：该病主要危害叶片、嫩梢和幼果。叶片正面先产生灰白色病斑，大小不一，很快扩大呈不规则大病斑，其上覆有灰白色粉状物，严重时全叶盖满白色粉状物；叶背面呈褐色花斑。

发病时间5～10月份。高温多湿，连续降雨，特别是夜间高温高湿；密闭、通风不畅；氮素多徒长，缺钙；缺乏光照；土壤水分过多等情况下易于发病。

3）褐斑病

症状：该病危害叶片。根据病斑大小和病原菌不同可分为大褐斑和小褐斑。大褐斑，病斑近圆形，直径3～10毫米中心有深浅间隔的褐色环纹，有时外围有黄色晕圈。天气潮湿时，病斑表面及背面散生深褐色霉层。小褐斑，病斑褐色近圆形，直径2～3毫米，大小一致。后期于病斑背面产生深褐色霉状物。5～6月始发，7～9月雨季开始到采收以后严重发病。树势衰弱营养供给不足，引起褐斑病最大的诱因就是缺乏营养和营养不平衡；缺乏有机质，氮素过多或过少、缺钾缺镁引起叶片生长不良；排水不良或地下水位过高引起树势衰弱或徒长；密植密闭通风通气不良，负载过大等。

4）黑腐病

症状：该病主要危害叶片、嫩梢和幼果。叶片病处表面呈现针尖状红褐色近圆形小斑点，逐渐扩大中央呈灰白色，外部褐色，边缘黑色。后期病斑上生有许多黑色颗粒小点，沿病斑排成环状。

5）黑痘病

病症：该病主要危害叶片、嫩梢和幼果。叶发病初期出现针尖大小红褐色小斑点至黑褐色小斑点，周围有淡褐色晕圈，以后逐渐扩大形成近圆形或不规则的病斑，中央呈灰白色稍凹陷，边缘暗褐色或紫褐色。后期病斑中部叶肉干枯坏死，出现穿孔。叶脉受害呈多角形病斑，造成叶片皱缩畸形。

6）灰霉病

新梢长到20～30厘米之后，如遇低温多湿时随时会发生此病，一直延续到秋天。在花朵花蕾、小叶片出现不定型的灰色或红褐色斑点，严重时花朵枯掉，果实变硬、裂果，枝条和叶子生长受阻。低温多湿，密闭通风不畅，氮素过多，土壤酸化等均会诱发灰霉病。

7)炭疽病

炭疽病特别喜欢徒长树、阴面多的树、缺乏营养的树，高温高湿时易发生此病。开始是光照比较好的葡萄粒上出现红点，逐渐长出小豆，下雨或高湿时葡萄粒慢慢腐烂并蔓延。氮素过多，缺乏磷钙硼等元素，营养不均衡是主因；阴雨密闭，通风不良，缺乏光照，挂果过多，衰弱徒长等均易发病。

8)根癌病

这种病在怕冻的欧洲品种较为多见。从解冻之后的春天开始一直延续到秋天，小包慢慢长大。离地面 1 米内出现癌瘤，不断扩大变硬，严重时从下部 5～30 厘米以上都会长瘤。一般小的肿瘤活 2～3 年后死掉，严重时在当年夏秋季死树。

冬季埋树时扭伤根部，伤未愈合就埋在土里，潜伏在土壤里的病菌通过伤口感染果树。如果树皮受伤，也会被病菌感染。一次是寒冻伤及树皮；二是土壤水分过多；三是氮素过多引起徒长易被害虫伤害或冻伤；四是负载过多引发树体衰弱；五是树体储备养分不足；六是冬季干旱而干冷冻伤。

二、我国农田害虫种类与分布

我国农田中对作物产量和品质造成危害的害虫有取食性害虫、非取食性害虫和传播病害的害虫三类。它们每年所造成的农业减产少则 10%、多则 25%以上。

1. 取食性害虫

取食性害虫按口器形状分为咀嚼式和吸取式两种。咀嚼式口器的有鳞翅目、膜翅目、直翅目、鞘翅目幼虫和成虫。

①咀食昆虫。啃食叶部和根部。如飞蝗、黏虫将叶片啃食成缺刻或吃光;甘蓝夜蛾幼虫将叶片吃成孔洞;草地螟、菜粉蝶幼虫将叶片吃得只剩叶柄和叶脉;叶蜂幼虫从叶片边缘向中心啃食;马铃薯瓢虫啃食叶肉,留下上表皮,形成透明罗底状凹纹;黄守瓜常以虫体为半径旋转咬食一圈,然后在圈内取食,叶片残留环形食痕或圆形孔洞;金针虫、地老虎等可咬断茎基部;蛴螬、金针虫、蝼蛄、稻象甲等咀食根部;根瘤象甲可咬食豆科作物的根瘤;苹花象甲、白星花金龟子、梨虎等咬食幼芽、花蕾和果实外皮;印度谷螟、粉斑螟等为害储藏期的种子外皮。

②潜叶昆虫。在叶片上下表皮之间啃食叶肉,形成弯曲隧道,如甜菜潜叶蝇、马铃薯块茎蛾、橘潜叶甲等的幼虫。

③卷叶蛾类。幼虫将叶片卷曲,在里边取食。稻纵卷叶螟将单片稻叶纵卷成苞取食。梨星毛虫幼虫将两片叶的叶缘缀连,直纹稻弄蝶幼虫吐丝结网缀合数片稻叶成苞取食。天幕毛虫、苹果巢蛾幼虫吐丝结网缀叶成巢,在内成群取食。卷叶象甲将叶纵卷成筒,在内产卵,幼虫孵化后食用叶肉。

④钻蛀昆虫。在植物体内钻蛀取食。三化螟、麦秆蝇、粟秆蝇、粟茎跳甲幼虫于植物幼苗期在叶鞘茎心内为害,引起枯心。玉米枯心夜蛾幼虫从幼苗茎基部蛀入为害。玉米螟幼虫先蛀食玉米心叶,叶开后形成排孔,此后在成株茎内钻蛀取食。香蕉象甲幼虫蛀食香蕉植株接近地面至根头一段,蛀道纵横交错。木蠹蛾、天牛幼虫在树干木质部中蛀食。豆杆黑潜蝇幼虫在主茎或分枝的髓部和木质部潜蛀成隧道。小蠹甲和吉丁虫幼虫在树皮与木质部之间蛀食。萝葡蝇、甜菜象甲、葱蝇幼虫及金针虫可钻入植物根部、块根、块茎或鳞茎内部为害,咬成空腔或通道。梨大食心虫幼虫蛀食花芽、幼果,果柄茎部有大量缠丝使得被害果不易脱落。果树食心虫、柑橘大实蝇、棉铃虫幼虫钻食果实内部。豆荚螟、大豆食心虫幼虫钻入豆荚内蛀食豆粒。豆象、玉米象、谷象、麦蛾等多种仓虫

幼虫钻入储藏期间的籽粒内部蛀食。

吸取为害的有刺吸式口器的半翅目、同翅目和有锉吸式口器的缨翅目若虫和成虫。取食性害虫危害植物的方式多种多样。具有刺吸式口器的害虫将口器刺入植株表皮，吸收输导组织汁液，被害部常呈白色、黄褐色或红色斑点，进而茎叶卷缩，果实畸形，甚至全株枯死。蚜虫、叶蝉、飞虱、介壳虫、粉虱、蝽象等属于此类害虫。具有锉吸式口器的蓟马为害行为类似。吸果夜蛾类成虫也刺果吸汁，造成大量落果。小麦吸浆虫幼虫以口器刺伤麦粒果皮吸食流出的浆液。根、茎、叶、花、果等植株部位因昆虫侵害或产卵刺激而畸形增生，成为虫瘿。虫瘿是瘿蜂科、小蜂科、瘿蚊科、瘿蚜科、木虱科等害虫的栖居和取食之所，或为咀嚼昆虫，或为吸食昆虫。苹果绵蚜能在受害处形成瘤状虫瘿。葡萄根瘤蚜为害葡萄形成叶瘿和根瘿。稻瘿蚊幼虫侵入水稻生长点，受害苗的叶鞘加厚呈葱管状。

2. 非取食性害虫

一些非取食性害虫以产卵方式伤害植物。同翅目的蝉、叶蝉、飞虱，缨翅目的某些蓟马，直翅目的螽斯等可在植物组织中产卵，从而引起伤害。如大青叶蝉成虫将卵产于果树枝干皮层内越冬，使枝条鳞伤，大量失水导致枯死。

另一些非取食性害虫以钻土方式伤害植物。如蝼蛄在土壤中穿行时形成隧道，使幼苗根系和土壤分离，植物失水枯死。

3. 传播病害的害虫

有些传播病害害虫直接传播病害。许多植物病毒病由昆虫传播。具有刺吸式口器的蚜虫、叶蝉、飞虱和锉吸式口器的蓟马往往是植物病毒携带者。介壳虫、粉虱、盲蝽象和一些咀嚼式口器昆虫如蝗虫、蠼螋等也可能传播病毒病。某些昆虫在感染病毒的植株上经短期取食后立即可以传病，没有潜伏期，但传毒能力不持久。

桃蚜传播甜菜花叶病毒、大豆花叶病毒、芜菁花叶病毒、黄瓜花叶病毒就是如此。有些昆虫的传病能力持久,带毒后可终身传播。黍缢管蚜和玉米蚜传播玉米枯斑病就是如此。有些昆虫甚至可将病毒通过卵传给后代。黑尾叶蝉传播水稻普通矮缩病就是如此。柑橘黄龙病就是由柑橘木虱传播。

4. 非直接病害传播者

另一些传播病害害虫并不是直接病害传播者,而是其给植物造成的外伤会导致病原物侵入。萝卜蝇幼虫和黄条跳甲为害后可引起白菜软腐病的蔓延。稻摇蚊伤害水稻幼芽和胚根导致绵腐病发生。苹果绵蚜瘤状虫瘿破裂后易导致苹果腐烂病。粉虱、介壳虫、蚜虫等危害植物时排泄的蜜露黏附在叶片上有利于霉污病的发生,从而影响正常的光合作用。

三、我国农田杂草种类与分布

1. 我国农田杂草概况

我国杂草有数百种之多,加上变种达五六百种,隶属于 70 多科,300 多属。杂草与作物争夺水、肥、光照和空气,还是一些病虫害的媒介。杂草一般是农田开垦之后已经长期适应农田耕种条件的植物,它们对当地环境适应性、抗逆力和繁殖力都非常强,难以根除,例如一株菟丝子能结 100 万粒种子,一株向日葵列当能结 10 万粒种子,在没有寄主的情况下,在土壤中生活力保持 5～10 年,如果条件适宜,种子可终年发芽。

一般杂草在某个地区长期生存和繁衍,通过自然选择已对当地生态条件适应,与各种生物和农作物之间形成相互依存、相互制约的相对稳定的自然平衡。由赤道向两极的纬度变化使气候带从热带向亚热带、暖温带、温带、寒温带和寒带变化;由海岸向内陆造成制度也会造成不同的生态环境,这些都会影响杂草分布的区域性。我国地域辽阔，纵跨亚热带、暖温带、温带、寒温带，又是多山国家，各地气候、土壤和环境条件差异很大，种植的作物多种多样，因此杂草的分布也是多样的。

2. 稻田的杂草

我国水稻种植面积很大，大致分为5个区域：岭南热带三双季稻区、华中亚热带双单季稻区、西南亚热带单双季稻区、华北暖温带单季稻区和东北、西北寒温带单季稻区。所有稻作区稻田中历来都有大量杂草发生。稻田杂草多达200余种，其中发生普遍的主要杂草40多种，为首的是稗草，其次是异型莎草、鸭舌草、牛毛毡、野慈姑和水莎草等，在所有稻作区中都有发生。扁秆藨草和眼子菜也相当普遍。在岭南热带三双季稻区和华中亚热带双单季稻区，千金子危害严重；在西南和东北、西北稻作区，有泽泻发生；在华中和华北稻作区有鳢肠发生；在西南、华中和东北、西北稻作区，有萤蔺发生。各区的其他稻田杂草还有圆叶节节菜、草龙、紫萍、小茨藻、陌上菜、空心莲子草、水苋菜、芦苇等。

3. 麦田的杂草

小麦种植面积仅次于水稻，大致分为3个区域：南方冬小麦种植区、北方冬小麦种植区和温带、高寒春小麦种植区。在南方冬麦区，各地主要麦田杂草是看麦娘和牛繁缕，为优势种或亚优势种，其中岭南冬麦区年均气温高、降水量大，大马蓼、雀舌草、碎米荠、野燕麦危害也很严重，此外还有腋花蓼、胜红蓟、裸柱菊、芫荽菊等杂草；闽、粤、桂北部和浙、赣、湘中部冬麦区雀舌草、春蓼、碎米荠危害严重；浙、赣、湘、川北部至秦岭、淮河以南冬麦区硬草、棒头草、萹蓄、春蓼、猪殃殃危害严重。北方冬麦区中，河南、河北、山东以及山西中南部、陕西关中地区的主要麦田杂草是葎草、田旋花、荠菜、萹蓄、小藜、葶苈、播娘蒿等，野燕麦和猪殃殃的发生也日趋严重；陕北和晋中北黄土高原至长城以南冬麦区则因年均气温较低、降水量较少、水土流失严重，土壤瘠薄而麦田杂草发生较轻，主要是刺儿菜、小藜、独行菜、鹤虱、离子草等。春麦区的杂草情况各不相同，东北和内蒙古东部温带春麦区的杂草主要有卷茎蓼、藜、绿色狗尾草、问荆、野燕麦、大马蓼、本氏蓼、大刺儿菜等；内蒙古牙克石寒温带春麦区人少地多、耕作粗放，杂草主要有鼬瓣花、卷茎蓼、问荆、野燕麦、苣荬菜、北山莴苣等；宁夏、甘肃、新疆的绿洲灌溉春麦区大多数杂草耐旱、耐盐碱、抗逆性强，主要麦田杂草为野燕麦、田旋花、芦苇、野荠菜、苣荬菜、萹蓄、藜、大刺儿菜等；云、贵、川高原春麦区的杂草与南方冬麦区杂草相近，主要是看麦娘、牛繁缕、野燕麦、碎米荠、棒头草等；青、藏、川西高寒春麦区的杂草主要是猪殃殃、田旋花、藜、密穗香薷、薪蓂、卷茎蓼、大刺儿菜、薄蒴草等。

4. 玉米地的杂草

玉米既是主要粮食作物又是主要饲料作物，其种植面积位居第三，虽然只有小麦种植面积的60%，但产量却与小麦持平。玉米田杂草种类繁多，主要有稗、马唐、野燕麦、牛筋草、千金子、狗尾草、画眉草、蓼、藜、苋、苘麻、猪毛菜、田旋花、苣荬菜、苦苣菜、刺儿菜、苍耳、铁苋菜、胜红蓟等。

5. 豆地的杂草

大豆田杂草主要有稗、金狗尾草、马唐、野燕麦、牛筋草、苍耳、苋、龙葵、风花菜、铁苋菜、香薷、水棘针、狼把草、柳叶刺蓼、酸模叶蓼、猪毛菜、藜、菟丝子、鸭跖草、马齿苋、猪殃殃、繁缕、苘麻等。经常使用除草剂的田里，稗草、野燕麦、狗尾草等禾本科优势杂草逐渐由鸭跖草、狼把草、节蓼、酸模叶蓼、苍耳、龙葵、风花菜、苘麻、苣荬菜、刺儿菜、大蓟等阔叶杂草所代替。

6. 棉田的杂草

我国棉花带主要分布在长江流域和黄河流域，以及新疆绿洲农业区。长江流域地处亚热带，气候温暖、雨量充沛，棉田杂草以喜温湿的群落为主，包括千金子、空心莲子草、牛繁缕、马唐、旱稗、鳢肠、狗牙根、双穗雀稗、凹头苋、马齿苋、香附子、扁秆藨草等。黄河流域气温较低、降雨量较少，棉田杂草以喜冷耐旱的群落为主，包括马唐、牛筋草、绿狗尾、旱稗、香附子、田旋花、反枝苋、凹头苋、藜、龙葵、铁苋菜等。西北内陆灌溉棉区是大陆性气候，昼夜温差大，以耐旱、耐盐碱的杂草群落为主，包括扁杆藨草、芦苇、田旋花、藜、灰绿藜、大刺儿菜、绿狗尾、稗、野西瓜苗等。

7. 茶园的杂草

长江流域以南茶园面积广大，各地茶园大多分布在山坡、丘陵地带，少数种植在平原，茶园四周往往受杂草包围，另外茶树种植行距较大，肥力条件较好，有利于杂草滋生蔓延。茶园杂草种类多达几百种，有马唐、狗尾草、牛筋草、狗牙根、小蓟、鳢肠、铁苋菜、马齿苋、鸭跖草、繁缕、一年蓬、龙葵、辣蓼、空心莲子草、稗、白茅、狼尾草、杠板归、酸模叶蓼、黄毛耳草、毛茛、洛石藤、矮竹、苍耳、地锦、荠、猪殃殃、青蒿、鼠曲草等，还有喜湿性杂草，如看麦娘、千金子、水苏、通泉草、荆三棱、阴石蕨等，海南的茶园有奥图草、弓果黍、雀稗、两耳草、飞机草等。

我国农田的病、虫、草害可能发生的种群繁多，生态农业必须采取“治病不见病，治虫不见虫，治草不见草”以预防为主的策略，用胁迫加营养的方法，尽早地开启植物的次生代谢，并使抗性物质在体内积累，使作物从种子时期开始就具有了能够抵抗各种病虫草害的化感物质和内源激素，这样才能真正预防病虫草害的侵扰。

参考文献

[1] J. 曼. 次生代谢作用[M]. 曹日强译. 北京:科学出版社,1983.

[2] 刘立新,梁鸣早. 植物次生代谢作用及其产物概述[J]. 中国土壤与肥料,2009(5):82-86.

[3] 武维华. 植物生理学(2 版)[M]. 北京:科学出版社,2012.

[4] 孔垂华,胡飞. 植物化感相生相克作用及其应用[M]. 北京:中国农业出版社 ,2001.

[5] 王永厚. 农业文明史话[M]. 北京:中国农业科学技术出版社,2006.

[6] 刘立新. 科学施肥新思维与实践[M]. 北京:中国农业技术出版社,2008.

[7] 刘立新,梁鸣早. 用化肥开启植物次生代谢途径的原理与方法[J]. 中国土壤与肥料,2010(1):88-92.

[8] 长谷川杢治. 科学施肥新方法[M]. 谭俊杰译. 北京:化学工业出版社,1990.

[9] Buchanan. B. B.(布坎南)植物生物化学与分子生物学[M]. 瞿礼嘉,等译. 北京:科学出版社,2004.

[10] 吕选忠,于宙,王广仪. 元素生物学[M]. 合肥:中国科学技术大学出版社,2011.

[11] 林文雄,何华勤,郭玉春,等. 水稻化感作用及其生理生化特性的研究[J]. 应用生态学报,2001,12(6):871-875.

[12] 刘立新,梁鸣早. 推荐一种能提高肥料功能的施肥方法——药食同源平衡施肥法[J]. 中国土壤与肥料,2009(3):82-85.

[13] 孔垂华. 21 世纪植物化学生态学前沿领域[J]. 应用生态学报,2002,13(3):349-353.
[14] 简令成,王红. 逆境植物细胞生物学[M]. 北京:科学出版社,2009.
[15] Liang Song, Shao-shan,Carol Huang, Aaron Wise. A transcription factor hierarchy defines an environmental stress response network[J]. Science, 2016(11):1550.
[16] 翁朙家. 増生活化の白藜芦醇[M]. 中国台湾:成龙健康礼约股份有限公司出版,2010.
[17] 蒋科技,皮妍,侯嵘,等. 植物内源茉莉酸类物质的生物合成途径及其生物学意义[J]. 植物学报,2010,45(2):137.
[18] 孙芳,夏新莉,尹伟伦. 逆境胁迫下 ABA 与钙信号转导途径之间的相互调控机制[J]. 基因组学与应用生物学,2009,28(2):391-397.
[19] H. Molisch. Der Einfluss Einer Pflanze auf die Andere-allelopathie[M]. Fisher, Tena. 1937.
[20] Rice, E. L. Allelopathy. 2nd Edition[M]. Orlando: Academic in Press, 1984:422.
[21] Inderjit. Plant phenolics in allelopathy [J]. Bot Rev, 1996, 62(2): 186-202.
[22] 闵九康. 诱导技术及其代谢产物在农业生产中的重大应用[A]. 农业生态生物化学和环境健康展望[C]. 北京:现代教育出版社,2010 :2230-2237.
[23] 王中凤,应铁进. 植物乙烯信号转导研究进展[J]. 植物生理与分子生物学学报,2004,30(6):601-608.
[24] 刘若晗. 植物抗病性分子机制研究进展[J]. 内蒙古农业科技,2009(6):36-37.
[25] 徐正浩,崔绍荣,何勇,等. 植物次生代谢物质与害虫防治

[J]. 植物保护,2004,30(4).
[26] 陈静雯. 植物化感作用的机理及应用前景[J]. 生物学通报,2008,43(11):13-15.
[27] 林文雄,何海斌,熊君. 水稻化感作用及其分子生态学研究进展[J]. 生态学报,2006(08):272-279.
[28] 邓江明,简令成. 植物抗冻机理研究新进展:抗冻基因表达及其功能[J]. 植物学通报,2001, 18(5):521-530.
[29] 简令成,等. 适宜低温锻炼提高冷敏感植物玉米和番茄的抗冷性及其生理基础[J]. 作物学报,2005,31(8):971-976.
[30] 陈杰中,徐春香. 植物冷害及其抗冷性生理[J]. 福建果树,1998,10(4):21.
[31] 代红军,曾洪学. 植物抗冻性研究进展[J]. 农业科学研究,2006,27(3): 71-74.
[32] 樊绍刚,等. 抗冻蛋白和冰核蛋白对植物抗冻性能的作用机制[J]. 经济林研究,2009, 27 (2) : 125-130.
[33] 刘忠,等. 植物抗冷性研究进展[J]. 广西农业科学,2006,37(6):667-670.
[34] 马文月. 植物冷害和抗冷性的研究进展[J]. 安徽农业科学,2004,32 (5):1003-1006.
[35] 曹琴,孔维府. 植物抗寒及其基因表达研究进展[J]. 生态学报,2004, 24(4):806-811.
[36] Einhellig F. A. Mechanism of action of allelochemicals in allelopathy. In:Inderjit. Dakshini K. M. M. , Einhellig F A, eds. Allelopathy: Organisms, Processes and applications, Series 582[C]. Washington D C: American Chemical Society Symposium, 1995:96-116.
[37] 商侃侃,等. 高温胁迫下植物抗性生理研究进展[J]. 园林科技,2008(1):1-5.

[38] 张彤，齐麟. 植物抗旱机理研究[J]. 湖北农业科学，2005(4)：107-11.

[39] 杨帆，苗灵凤，等. 植物对干旱胁迫的响应研究进展[J]. 应用与环境生物学报 2007，12(4)：586-591.

[40] 许卉，赵丽萍. 植物抗盐性机理及评价[J]. 滨州学院学报，2005，21(3)：62-64.

[41] 翁森红，李维炯，等. 关于植物的耐盐性和抗盐性的研究[J]. 内蒙古科技与经济，2005(10)：15-17.

[42] 曾洪学，王俊. 盐害生理与植物抗盐性[J]. 生物学通报，2005，40(9)：1-2.

[43] 吴湘钰，陈阅增. 普通生物学[M]. (3 版). 北京：高等教育出版社，2009.

[44] 李晓颖，谭洪花，等. 果树果实的风味物质及其研究[J]. 植物生理学报，2011，47 (10)：943-950.

[45] 文静，孔维军，罗红梅，等. 植物内源激素检测方法新进展[J]. 中南药学，2014(1) ：47-52.

[46] 杜雯娟，王惠君，陈少洁，等. 中国 9 省(区)2000—2011 年成年女性膳食营养素摄入变化趋势[J]. 中华流行病学杂志，2015 (07)：715 719.

[47] 王涛. 失传的营养学——远离疾病[M](2 版). 北京：世界知识出版社，2014.

[48] 侯光炯，高惠民. 中国农业土壤概论. 北京：农业出版社，1982.

[49] 李书田，金继运. 我国不同区域农田养分输入、输出与平衡[J]. 中国农业科学，2011，44(20)：4207-4229.

[50] Selinus. O. 医学地质学自然环境对公共健康的影响 [M]. 郑宝山，等译. 北京：科学出版社，2009.

[51] 崔澄. 植物中的微量元素[A]//中国科学院微量元素研究工

作会议汇刊[C]. 北京:科学出版社,1964.
[52] 汤佩松. 代谢途径的改变和控制及其与其它生理功能间的相互调节——高等植物呼吸及代谢的(多条路线)观点[J]. 生物科学动态,1965(3):1-13.
[53] 李继云,匡廷云,汪希彬. 微量元素在农业中的应用[M]. 北京:科学出版社,1964.
[54] 王家钰. 植物营养元素交互作用研究[J]. 土壤学进展,1992(2):1-10.
[55] 韩晓日. 主要农作物营养失调症诊断图谱[M]. 沈阳:辽宁科学技术出版社,1996.
[56] J.J. 莫尔维德特,等. 农业中的微量营养元素[M]. 中国农业科学院土壤肥料研究所译. 北京:农业出版社,1984.
[57] 刘云,董元华,杭小帅,等. 环境矿物材料在土壤环境修复中的应用研究进展[J]. 土壤学报,2011,48(3):629-638.
[58] 赵艳,张晓波. 施用胶质芽孢杆菌菌剂对黑麦草根际土壤脲酶、磷酸酶及过氧化氢酶活性的影响[J]. 微生物学杂志,2011,31(6): 49-52.
[59] 荣勤雷,梁国庆,周卫,等. 不同有机肥对黄泥田土壤培肥效果及土壤酶活性的影响[J]. 植物营养与肥料学报,2014,20(5):1168-1177.
[60] 比嘉照夫. 拯救地球大变革[M]. 冯玉润译. 北京:中国农业大学出版社,1984.
[61] 比嘉照夫. 农用与环保微生物[M]. 杨中艺,等译. 广州:广东世界图书出版公司,1999.
[62] 孙建光,徐晶,胡海燕,等. 中国十三省市土壤中非共生固氮微生物菌种资源研究[J]. 植物营养与肥料学报,2009,15(6):1450-1465.
[63] 孙建光,罗琼,高淼,等. 小麦、水稻、玉米、白菜、芹菜内生固

氮菌及其系统发育研究.[J].中国农业科学,2012,45(7):1303-1317.

[64] 陈倩,高淼,孙建光,等.一株拮抗病原真菌的固氮菌 Paenibacillus sp. GD812 [J].中国农业科学,2011(16):3343-3350.

[65] 孙建光,张燕春,徐晶,等.高效固氮芽孢杆菌筛选及其生物学特性[J].植物营养与肥料学报,2009,42(6):2043-2051.

[66] 张燕春,孙建光,徐晶,等.固氮芽孢杆菌 GD272 的筛选鉴定及其固氮性能研究[J]植物营养与肥料学报,2009,15(5):119-1201.

[67] 孙建光,张燕春,徐晶,等.玉米根际高效固氮菌 Sphingomonas sp. GD542 的分离鉴定及接种效果初步研究[J].中国生态农业学报,18(1):89-93.

[68] 孙建光,胡海燕,刘君,等.农田环境中固氮菌的促生潜能与分布特点[J].中国农业科学,2012 ,45 (8):1532-1544.

[69] 邱莉萍,刘军,王益权,等.土壤酶活性与土壤肥力的关系研究[J].植物营养与肥料学报,2004,10(3):277-280.

[70] 林而达,李玉娥,等.中国农业固碳潜力与气候变化[M].北京:科学出版,2005.

[71] 孟庆阳,王永华,靳海洋,等.耕作方式与秸秆还田对砂姜黑土土壤酶活性及冬小麦产量的影响[J].麦类作物学报,2016,36(3):341-346.

[72] 阎秀峰,王洋,李一蒙.植物次生代谢及其与环境的关系[J].生态学报,2007,27(6):2554-2556.

[73] Bin Luo, Wei Gu, Jiayong ZhDng, et. al., Revealing crosstalk of plant and fungi in the symbiotic roots of sewage—cleaning Eichhornia crassipes using direct de novo metatranscriptomic analysis[J] SCIENTIFIC REPORTS |

515407| DO:10.1038 /srep15407,2015.
[74] 梁鸣早,路森,王天喜,等. 高产优质有机农业技术体系探索[J]. 中国土壤与肥料,2016(3):5-12.
[75] 廖宗文,毛小云,刘可星. 重视有机营养研究与有机碳肥创新——关于植物营养经典理论的现代思考[J]. 植物营养与肥料学报,2017,23(6): 1694-1698
[76] B. 艾伯茨,D. 布雷,K. 霍普金,等. 细胞生物学精要(3 版)[M]. 丁小燕,陈跃磊,等译. 北京:科学出版社, 2017.
[77] N. 斯皮尔莱克斯. 细胞生理学手册—膜生物物理学精要(4 版)[M]. 张志鸿译. 北京:科学出版社,2017.
[78] 曹恭,梁鸣早,董昭皆. 平衡栽培体系中的产量保护因素——防病[J]. 中国土壤与肥料,2005(06):10001-10004.
[79] 曹恭,梁鸣早,曲秀琴. 平衡栽培体系中的产量保护因素——治虫[J]. 中国土壤与肥料,2006(01): 10002-10004.
[80] 曹恭,梁鸣早,王家祥. 平衡栽培体系中的产量保护因素——除草[J]. 中国土壤与肥料,2006(02):10001-10004.